知識流
KNOWLEDGISM

Taiwan's Hidden Champions
台灣隱形冠軍

# 成功協奏曲

## 完美人生樂章的實踐家

作者◎曾銘蕙等9位CEO

Concerto of Success

EMBA 009

Contents 目錄

# 成功協奏曲 Concerto of Success

## Chapter 1

咖啡連鎖王國南霸天　營收十二億掛牌上櫃

多那之國際董事長　王建仁

與教授對話：中山大學財管系教授　王昭文

022

## Chapter 2

老字號合板進口批發商　撐起台灣建物半邊天

威易董事長　王金茂

與教授對話：中山大學企管系教授　黃明新

052

## Chapter 3

榮獲國家建築金獎　深耕屏東二十載

青禾不動產董事長　曾銘薦

與教授對話：中山大學公事所教授　吳偉寧

080

# Contents 目錄

Chapter 4
台積電重要供應鏈夥伴 從微型企業到隱形冠軍
怡台企業董事長 廖芙瑳
與教授對話：中山大學資管系教授 黃三益
110

Chapter 5
創建兩億無塵室王國 上市櫃龍頭指名合作
智兆科技董事長 許閔彬
與教授對話：中山大學財管系教授 王昭文
138

Chapter 6
VOLVO 亞洲獨家授權合作夥伴 站穩台灣大客車龍頭
大吉汽車總經理 蔡昆憲
與教授對話：中山大學公事所教授 吳偉寧
168

## Chapter 7

榮獲美國發明專利　諾得淨水再創高峰

京司實業董事長　羅勝豐

與教授對話：中山大學企管系教授　黃明新

200

## Chapter 8

外銷榮獲歐美日認證　締造上億冷凍食品王國

允偉興業副董事長　蔡昌憲

與教授對話：中山大學財管系教授　王昭文

230

## Chapter 9

台灣最佳信譽第一品牌　打造上億攝影集團版圖

翡麗婚紗攝影董事長　錢禎

與教授對話：中山大學公事所教授　吳偉寧

260

推薦序

# 前瞻與創新的願景

李志鵬

面對國內外日益嚴竣的高教挑戰與困難，高雄在地快速地發展與轉型，建校已逾四十四年的中山大學，在全體同仁胼手胝足、辛勤耕耘下，實已奠基厚實學研能量，蓄勢待發。秉持就任時所提出「藝文與包容（Artistic & Inclusive）」、「前瞻與創新（Advanced & Innovative）」，（AI）$^2$的治校理念，將致力打造中山成為一所人文與理工並重，「臺灣南方的哈佛大學」。

大學應與城市共生共榮，近年來，高雄市政府致力邀請艾司摩爾、輝達、台積電等高科技產業進駐，也推動亞洲新灣區 5G AIoT 創新園區計畫，需要有一所大學提供足夠的人才和創意。如同哈佛大學之於波士頓，中山大學應扮演城市的引擎，與高雄在地共創共榮，不僅提供未來轉型發展所需的人才與創意，更要讓世界看見南臺灣的山海榮耀。

中山大學管理學院，成立於一九八四年，是全台灣第一所通過ＡＡＣＳＢ「國際商管學院促進協會」國際學術認證的國立大學，並且連續七年入選英國《金融時報》（Financial Times）的全球百大ＥＭＢＡ，中山大學ＥＭＢＡ穩坐全台龍頭，是台灣南部企管教育發展的學術重鎮。

透過每屆ＥＭＢＡ班來自不同領域、產業的同學分享與反饋，學校所累積的產業知識、資料庫也日益增多，形成校方教材及研究上的大數據，這些大數據的分析與應用，也一再傳遞給新的ＥＭＢＡ班學生，一代一代，無形中提升了學校研究及同學企業上的競爭力。

中山大學的高階經營管理學程中，每位學員都擁有過人毅力，才能在商場上展露頭角。在今年的畢業生中，我們邀請九位學長姐，請他們分享各式人生困境，以及他們如何有勇氣面對一個比一個艱難的環境，永不低頭。在本書中，每一則創業故事暨生命歷程，都展現了台灣中小企業主隱而未宣的巨大能量，這股力量是台灣進步的動能，成為變動世代中尋求的成功新典範。

亞洲第一位獲得諾貝爾文學獎的泰戈爾在詩集《用生命影響生命》有一段話，謹借此與大家共勉：「把自己活成一道光，因為你不知道，誰會藉着你的光，走出了黑暗。請保持心中的善良，因為你不知道，誰會藉着你的善良，走出了絕望。」本書中所有動人的小故事，蘊含其中的創新、奮鬥，與誠信榮譽以待客戶的精神，才是真正所有人類共同的價值瑰寶。

（本文作者現為中山大學校長）

推薦序

# 以創新思維引導企業轉變

許士軍

真正的管理知識，尤其是智慧，不是來自書本、論文，甚至不是過去的經驗；它來自實作，經過消化、體驗和悟解，也未必須要「放之四海而皆準，俟之百世而不惑」。這種知識的價值在於應用，而應用之效果如何，乃和時間、空間，以及情勢條件，由互動中產生的。這也就是EMBA同學所成功孕育的經營智慧。

經營企業，每天所面臨的情勢和問題，都和過去不同，而解決之道也沒有什麼SOP可言，幾乎可以說是「無中生有」，也等於是一種「創造」。不過在此所創造的，不是文學、藝術或思想之類，而是一個事業。在許多人心目中，也許這種創造，比不上文學藝術或思想之千古不朽，但它卻能帶給人群在現實生活中的滿足愉悅。

偉大經濟學者熊彼得（Joseph A. Schumpeter）曾提出，創業作為人類經濟發展之主要推動力量，因而決定了不同國家間之差異。自此以後，創業成為各國政府在形成經濟政策上的一個重要著力點。

之後，管理大師杜拉克又推出一本《創新與創業》鉅著，將創業和創新結合，指出一國經濟，由「成長型經濟」轉變為「創業型經濟」，創業必須具有創新的內涵，才是真正的創業，使得創業更上層樓。

至此以後——尤其是近若干年——有關創業之研究或報導，在一般報章雜誌和學術論著中，層出不窮，汗牛充棟。在學術論著方面，有的分析其成功要素，有的歸納創業過程和階段，有的探究其外在環境和制度的影響等，不一而足。

根據杜拉克的觀點，在變動頻仍的時代中，任何組織，在追求變革的過程中，應懷有某種願景，然後配合現實環境和市場需要，嘗試以某種創新思維或模式引導企業的轉變。經由實作，人們藉以挑戰原有思考模式，研發新的模式，這是一種學習和獲得新知的過程。

在這快速變遷的時代，一個企業成功經營，平均壽命只有三十年。相對地，隨著個人平均壽命的增加，一個人的事業生涯可長達五十年。一個企業家的創業幾乎是終身的工作，所以說，創業是決定一家企業能否因應變化謀求生存的關鍵要素。

（本文作者現為逢甲大學人言講座教授）

推薦序

# 攀向人生另一個高峰

葉淑娟

不管是創業或接班，面對的都是無盡未知，迎接的是各式挑戰。要在瞬息萬變的商場上生存，甚至洞燭機先，需要的不僅是過人機智，更重要的是成功的決心和團隊的合作，才能演奏出完美的人生樂章。無論是承接千瘡百孔的家族企業加以振興，或是將現有成功模式轉向事業第二曲線，攀向人生另一個高峰，都需要擁有過人的毅力與情商。

在我多年的教學經驗中，發現IQ關乎天份，較難後天培養，但EQ可以訓練。卓越的企業領導人幾乎都擁有高情緒智商，入選《時代雜誌》二十世紀最有影響力的二十五本企管書籍名著《EQ》的作者高曼（Daniel Goleman），大膽翻轉用智商（IQ）做為衡量個人成就的主流指標，強調高效能領導人要有高EQ。

本書中CEO都是中山大學EMBA畢業生，沒有一位是含著金湯匙出生、一帆風順的。他們奮鬥的過程令人動容，企業成長難免遭遇停滯期，領導者必須有所堅持，因為在成功之前，誰都不敢確定是否走在正確的道路，這也是決策者的難關，雖說堅持不一定成功，但成功的背後必然伴隨著堅持。

另外，企業的永續必然伴隨環境的永續。早期企業為了創造獲利，對環境造成巨大傷害，但今日企業發展更強調兼顧環境、社會和公司治理層面的永續。企業主永遠要自我期許：勇於冒險、敢於創新、不怕挑戰，並且靈活適應市場，不管是華麗轉身還是委曲求全，只要能為企業打出一番生天，都是成功的轉型。

中山大學管理學院自一九九八年開辦EMBA學程，是全台首波的EMBA班，也是全台灣第一所通過AACSB「國際商管學院促進協會」國際學術認證的國立大學，並且連續七年入選英國《金融時報》的全球百大EMBA，是台灣南部企管教育發展的學術重鎮。

這九位實業家的勇氣故事，讓我們一睹成功人士面對困境時，是怎麼翻轉劣勢、開創新局。同時，他們也說明為何投入EMBA行列，並分享這兩年學習中所得到的最精華部份，讓大家了解EMBA教育可貴之處，絕對不容錯過！

（本文作者現為中山大學管院院長）

推薦序

# 先立於不敗而後求勝

李成家

創業沒有不經歷過風險的，正如美吾華懷特生技集團創立四十八年，曾遭遇史上最嚴重的金融海嘯，但今天能跨足生技、生醫產業，都是「以變迎變」原則，盡力控管風險，適應環境才能創造價值。這本創業家的故事，也都在印證這個「不變」的法則。

鬥志是輸贏的關鍵，從打乒乓球的運動中，讓我領悟出四個必勝法則：信心、氣勢、歷練、求勝。經營事業需要有自信心才能成功，在氣勢上先壓制住對方取得優勢地位，即使擁有廣博的知識也需要實際的歷練，才能產生恰到好處的智慧，因為要先立於不敗而後求勝。

本書創業家奮鬥的過程令人動容，充分展現了台灣中小企業的韌性與活力，他們毫不藏私地分享內在的掙扎、兩難與突破，以幫助後之來者，臻於互利雙贏。

（本文作者現為全國中小企業總會榮譽理事長）

## 緣起

# 競爭制勝關鍵：上下同欲，順勢而為

林豪傑

這是中山ＥＭＢＡ學員合力出版的第九本書。從二〇一六年ＥＭＢＡ第十七屆同班同學出版全台第一本匯聚眾人經營智慧的《傳承．承傳》一書開始，歷屆接棒出版的書籍都引起廣大迴響，在新書排行榜上也都名列前茅。這一系列叢書不僅已經成為中山ＥＭＢＡ的典範傳承之一，更把台灣ＥＭＢＡ教育的格局拉升到更高的層次。

今年出版的這本集體智慧書，內容十分有深度，不僅探究作者的經歷與智慧，每篇還邀請一位教授進行回應、對話，大大提高了可讀性與實用性；另一方面，在國際局勢動盪難測的當下，取名《成功協奏曲》更是別具意義。

韋氏英英字典（Merriam-Webster）對成功的定義是：「人生已取得財富、贏得尊重或聲望」。協奏曲（concerto）的字源，從拉丁文解讀，有「競爭」的意思；但從義大利文解讀，則代表「合作」與「協議」。這種看似矛盾的字義，正好彰顯出企業需要在取與捨、競爭與合作、守成與變革、穩定與創新、亦步亦趨與突破框架之間達成雙融，才能獲致成功、臻於生生不息。

說到成功，它是成就功業、達成或實現某種價值，獲得預期的結果。因此，成功是對個人某個結果或狀態的評價，包含兩層含義：一是「成」，就是實現、達成，二是「功」，也就是有價值、有意義的結果。其中的關鍵是，個人能否為其他利益關係人創造價值、能否「以美利利天下」《易經》；只有先「利他」、才能「利己」，直指成功的核心。

英國前首相邱吉爾（Winston Churchill）認為，成功需要堅持不懈。他主張，「成功不是結局，失敗也並非末日，重要的是有沒有勇氣繼續前進。」發明家愛迪生認為成功需要刻苦工作；擁有一千多項專利的他，有著瘋狂的職業熱忱，能連續工作七十二小時。他認為，「成功是一％的靈感，九九％的血汗努力。」英國維京集團創辦人布蘭森（Richard Branson）則相信，成功的關鍵是敬業。儘管財富萬貫，他仍然相信，「你越積極投入工作，越能感受到成功。」

至於先人如何談成功呢？順勢而為、上下同欲是根本之道。在商業競爭中，卓越的企業領導者必須擁有敏銳的觀察力，善於利用形勢來調整方向，巧於利用時機來開創新局，做到趨吉避凶、乘時造勢、順勢而為，確保在競爭中不被淘汰。《孫子兵法》第五篇講的是兵勢。何謂「勢」？孫子說：「善戰人之勢，如轉圓石於千仞之山者，勢也。」又說：「善戰者，求之於勢，不責於人，故能擇人而任勢。」這表明，作為戰爭的指揮官，必須善於利用、製造有利於己方的態勢，從而保證戰爭的勝利。

另一方面，在商場上，人們一般都把團隊精神、團隊戰鬥力視為經營管理與競爭制勝的支柱，而如何保證「上下同欲」，則是管理者必須解決的問題。《孫子兵法．謀攻》篇提到，知勝者有五：「知可以戰與不可以戰者勝，識眾寡之用者勝，上下同欲者勝，以虞待不虞者勝，將能而君不御者勝。」商場如戰場，指揮官和士兵之間的協調和合作至關重要，上下一心是在戰爭中勝出的關鍵。

本書的出版除了要感謝九位作者不吝惜地分享自己的故事外，也要感謝中山管院葉淑娟院長的大力支持、知識流出版社周翠如社長與撰寫對話稿的教授同仁等在過程中的鼎力協助。E25班代孫逸婷耐心與專業的規劃協調，更是成就本書的幕後功臣。

英國前首相邱吉爾曾說，「悲觀者在每個機會中看到的都是困難；而樂觀者則在困境中洞察良機。」當今VUCA的環境，包括volatility（易變性）、uncertainty（不確定性）、complexity（複雜性）與ambiguity（模糊性），要求企業家具備「唯變所適」的勇氣與氣度；我相信，這些作者雙融成與敗、得與失的經歷，將可提供有心跳脫恐懼、逃離舒適圈的實務工作者，可資借鏡的經驗與智慧。

（作者現為中山大學企管系教授暨EMBA執行長）

CONCERTO OF SUCCESS

多那之國際 董事長

# 王建仁

「突破困難、創造價值、勿忘初心。」

多那之國際董事長

王建仁

現任：多那之國際股份有限公司創辦人暨董事長

學歷：國立中山大學 EMBA

經歷：純發烘焙師傅、全國烘焙主廚

專長：品牌開發、商業空間設計、連鎖加盟營運管理

*Profile*

# Chapter 1

# 咖啡連鎖王國南霸天 營收十二億掛牌上櫃

「一杯香醇咖啡容易拉近彼此距離，巧妙搭配法式甜點，瞬間點燃愉悅心情。」回溯從烘焙走到複合經營咖啡餐點的型態，多那之國際董事長王建仁幫畢生努力的事業下了註腳：「咖啡跟烘焙真的是好朋友，巧妙扮演人與人之間媒介，我們經營的恰巧是兩個幸福產業。」

猶記得十六歲時，親手烘焙的第一個熱騰騰麵包，滿心期待帶回家讓媽媽品嘗，望著她臉上流露的滿足神情，充盈的幸福感也從此烙印王建仁心中。

入行四十年光陰荏苒，當年的麵包店小學徒，如今已是創立知名連鎖烘焙咖啡集團的經營者，品牌創辦比85度C、路易莎都早，旗下擁有「多那之」、「卡啡那」、「Mini D」三個品牌，並以七十餘間的分店，創下逾十二億元年營業額的漂亮成績，預計於二〇二五年掛牌上櫃。

## 烘焙坊西點代工入手 開啟第一次小創業

基隆出生的王建仁，國中畢業後跟隨母親來到高雄，為了減輕家庭經濟負擔，十五歲就到烘焙坊當學徒，希望有朝一日能擁有自己的麵包店。二十二歲時，他看見市場需求，啟動了生涯第一次的小創業，「那時候的麵包店不喜歡做耗時費事的餅乾和點心，所以我向他們推銷自己做的起酥條、杏仁瓦片等，常常利用下班後的時間在家烤餅乾。」

隨著業務愈來愈穩定，再借用友人的工廠製作餅乾，每天晚上八點開工，半

▲ 卡啡那文化探索館有全台最美公園咖啡館之稱。

▲ 多那之高雄廠樓地板面積達二千三百坪。

▲ Mini D 是集團拓展加盟市場的主力。

▲多那之創始店位於高雄左營舊城門旁。

▲ 中央工廠積極採用自動化設備。

▲中央工廠內一座隧道爐的價格差不多等同於一台法拉利。

▲多那之創立初期即為內外場員工訂作製服。

▲ 多那之創始店內裝展現濃濃的復古風情。

夜兩點回家，隔天早起送貨到客戶店裡，再去麵包店上班，日復一日的辛苦和時間拔河，讓他終於毅然決定把白天的工作辭掉，揪好友一起合夥創業，兩人各投資了兩萬元，展開全職經營西點餅乾代工的業務。

然而不久，孰料合夥雙方旋即對事業的發展產生重大歧異，有鑑於友人急於想向銀行貸款擴大營業，兩人理念不同遂決定拆夥，先各自取回一半的機器設備繼續經營，但這對當時的王建仁造成相當大的打擊，再加上兩人的產品和客戶都重疊，他也開始思考未來的方向。碰巧有一次，他在去屏東送貨的路上出了車禍，同業卻趁機削價競爭，讓他頓悟要有品牌才有客戶忠誠度，因此果斷決定先終止西點代工的事業，努力拚用藍海策略開創自己的品牌。

## 四間門市
## 創下年營業額一．五億元

一九八九年，王建仁以七十二．五萬元的積蓄，接手位於高雄左營舊城門旁的店鋪，創立了多那之蛋糕烘焙坊門市。「在店鋪外面花了一個月的時間觀察附近的人流，才決定盤下來」，那個時代盛行標會，所以，他接手和裝修這間店面的費用，都是靠標會籌措而來。當時曾有一位女性友人，主動提及有十萬元存款能借給他，「雖然沒有真的私下借這筆錢，但她一路支持自己的事業發展，現在的職稱剛好是『老闆娘』。」王建仁幽默的形容。

左營創始店從開幕第一天營業額僅有八千元開始慢慢成長，苦心花費三年的時間耕耘，終於迎來每日門庭若市的景象。由於店內的廠房空間已不敷使用，王建仁又於現今瑞豐夜市的附近買下五層樓的新址，成立了第二間門市——高雄華榮門市。

回憶起當時年少氣盛的自己，大手筆買下價值兩千兩百萬元的五層樓透天，為了品質的穩定性，再花一千五百萬元購置工廠設備及裝潢門市；然而，礙於商圈新、人潮不多，他一度被貸款、會錢加上門市營運虧損壓得喘不過氣，直到採

▲與多那之鳳山青年加盟主一同巡店訪視。

▲與多那之總經理林育芳日常巡店，攝於卡啡那美術店。

▲探勘百貨進櫃廠區。

▲ 每週例行主管會議。

▲送慢飛天使桌遊做為兒童節禮物。

▲公司赴海外咖啡廳參訪，出發前於高雄機場合影。

▲多那之響應贊助慢飛天使兒童節活動。

▲王建仁與多那之總經理林育芳一同參與慢飛天使兒童節活動。

取大幅開源節流、調整人力，平均每日工作十六小時以上，才慢慢度過危機；之後，靠著品質和服務，營運漸入佳境，並陸續開了四家門市，全盛時期門市加代工營收最高曾衝上一億五千萬元。

「原本做了十五年，就想退休了。」當時還不到四十歲的年紀，看到原物料、人事成本的上漲擠壓毛利，王建仁心中浮現退休的想法，但是肩負百餘位同仁的生計，又看到85度C帶動咖啡與蛋糕混搭的風潮後，看好這樣的商業模式能有效吸引不同的客群，還能提高客單價，靈機一動也順勢於二〇〇六年十月將烘焙坊轉型為新型態複合式咖啡店，同時提供咖啡、蛋糕與西點麵包的選項，加碼在二〇〇九年成立高雄總部及中央工廠，不定期的推出新產品、季節商品和節慶商品，並且積極開始拓展加盟市場。

## 細琢而純粹
## 讓三品牌展現個性

多那之在台灣深耕茁壯，逐漸擴大，旗下如今擁有「多那之」、「Mini D」、「卡啡那」三個品牌，各自瞄準不同客群，分別搶攻低、中、高價位的咖啡市場。二〇一三年在高雄開設第一間「卡啡那」，再於二〇二一年開設第一間「Mini D」，「卡啡那」以層層疊疊的法式甜點出名，「Mini D」則提供早午餐輕食，而共通點在於美好的品味空間。

「多那之」在烘焙複合經營平價咖啡後，拓展了更寬廣的客群，上門消費群不再只囊括媽媽們，每日來客數都在一千號以上，其後更開放加盟，現有直營店十八間，加盟店三十二間，仍擔綱集團拓展加盟市場的要角。

「卡啡那」的誕生，起源於創辦人王建仁想招待由美返台的好友喝咖啡，卻苦無去處，從而萌生念頭打造一個象徵台灣，也能走向國際的咖啡館。卡啡那目前在全台有九間分館，定位是全直營的模式，目前鎖定一線城市拓展分館，像是位於台北內湖科技園區的內湖啟航館、台中七期的惠來館，以及位於高雄文化中

▲中山 EMBA 海外研習，攝於美國大峽谷國家公園。

▲ 2024 年參與中山陽光社會關懷協會慢飛天使兒童節活動。

▲中山 EMBA 海外研習，攝於美國喬治亞理工學院。

▲ 中山 EMBA 海外研習，攝於美國酒莊。

▲ 多那之主管一同出席祝賀 EMBA 畢業。

▲中山 EMBA 畢業典禮頒發學位證書。

▲與另一半同遊韓國，參訪當地咖啡廳。

▲ 與家人一同赴高雄萬豪酒店出席春酒晚宴。

心內的文化探索館等，從網路上網友分享的照片，讓人驚艷每間店都是洋溢生活美學的儀式感氛圍。王建仁霸氣的回應：「光是打造台中南屯的大墩館，就花了三千七百萬元。」

在疫情期間創立的「Mini D」，鎖定早午餐和下午茶等消費需求，以充滿地中海風的藍白色外觀及洋溢藝術與時尚氛圍的內裝，在鄰近住宅商辦區域設點，提供咖啡、飲品和蛋糕、帕里尼、生菜沙拉等輕食菜單。Mini D現有九間直營店，五間加盟店，目前是多那之拓展加盟市場的主力。

「雖然三個品牌的餐點統一由中央工廠供應，但我們要求職權清楚切割，各品牌擁有獨立的經理人、行銷企劃和生產線。」多那之總經理林育芳分享。這也是三個品牌的分店都能展現獨特個性的關鍵。

## 融合在地特色
## 開啟連鎖店新時尚

早期，為了強化消費者對品牌形象的印象，連鎖店就像穿制服一樣，每間店都會採用一致的設計元素，而這一點在多那之的領頭創新下打破了陳規，像是位於一級古蹟左營舊城北門旁的多那之創始店，一樓座位可以直接相鄰城門而坐，室內空間透過磨石子地板和裸露的紅磚牆，更是展現濃濃的復古風情；或是位於高雄文化中心西苑的卡啡那文化探索館，大片的落地窗外就是文化中心的綠蔭，贏得全台最美公園咖啡館之稱，一舉爆紅之後，包括星巴客、85度C等連鎖品牌也跟進，開啟了融合在地特色進行店鋪裝修的時尚，連鎖咖啡館不再穿著整齊劃一的外觀。

「經常會有人好奇詢問我們曾配合過的室內設計師」多那之總經理林育芳笑著說。無論是「多那之」、「Mini D」或「卡啡那」，分店的裝修都能同時兼顧品牌與在地特色，甚至能進一步照顧到現今消費者的網美打卡需求，每一個角落都是美好。但讓人意外的是，這些發想和細節要求，竟全都是出自王建仁腦海中的畫面。

「誰規定連鎖店一定要長相都一樣？」腦海中經常出現不同氛圍感的王建仁不以為然的強調，並分享自己跨域走進設計的經驗，「從選址之初就開始思考，想要呈現的調性和裝潢風格。」日常就喜歡看各國建築、室內裝修書籍的王建仁說，包括中央廚房和店鋪的規劃，多那之早期也曾經找過國內外的設計團隊，但藍圖總是無法到位，他們因此透過觀察使用者和消費者的需求，並經由公司內部設計團隊的合作，再融合場址的特色，具體展現在每個空間的設計上，結果不只對風格呈現的主導性更強，更累積了寶貴的經驗。

## 中央工廠掌控品質
## 拉高護城河圍牆

中央工廠的成立，也是多那之集團拉高護城河圍牆的重要策略。烘焙師傅出身的王建仁，格外重視產品的品質，隨著規模的擴大，也從早期前店後廠的型態，轉向打造中央工廠，二〇〇九年成立高雄廠後，又於二〇一四年於台中設立總部及中央工廠，目前也正推動擴大台中廠及增設桃園廠，以支應未來各品牌在中部、北部的門市拓展計畫。本島產品都由中央工廠供貨，不只是當天現配，如今更能做到一天配送二至三次，以確保產品能新鮮到貨。

王建仁細數多那之建構中央工廠的投資：「高雄廠樓地板面積達二千三百坪，聘有一百五十名技術人員；台中廠一千五百坪，聘有一百名技術人員；未來的桃園廠預計需要二千五百坪」，「一座隧道爐的價格差不多等同於一台法拉利！」而這些也正是他們透過資本建構的護城河。

因應少子化及人力成本持續上升，多那之未來廠區將導入低碳節能智慧化設備，其他廠房也將持續整合機械手臂和生產流程。「缺人也是一種商機！」王建仁不只以另類的角度看待這個讓許多企業困擾的問題，更透過導入ＡＩ設備走向自動化生產模式，以拉高多那之的護城河圍牆；同時，中央工廠除了供貨給三個品牌外，也為小型咖啡館及大型連鎖店提供西點ＯＤＭ的代工服務，目的在於擴大生產量體以支持自動化生產的規模，未來也可以搶攻超商父親節、母親節蛋糕的市場。

## 利他思維
## 願意共享才能做大

出身烘焙師傅的王建仁，一直對技術人員的發展，有著一份使命感，「烘焙業學技術的人，當時多是家裡比較沒資源，只求一份能有穩定收入、有發展的工作，於是我大量栽培烘焙師傅及店長，讓他們參與入股、分潤，對於比較沒有資金的夥伴就由我協助融資入股，每個月還我一萬元，一來改善大家的生活，二來也讓大家更有向心力」、「共享是公司的核心價值」他說。

「凡事不要只看眼前，企業要做大就要懂分享，用『利他』的想法才能成事。」

王建仁分享心法，以多那之邁向公開發行之路為例，在承銷商輔導下進行股權整合前，會計師提醒整合程序非常耗時，而且公開發行需要先將各品牌股權整併，接下來才能進行股權分散作業，例如知名上市連鎖餐飲集團曾耗時四年光陰。可是多那之為增強同仁向心力，之前採單店股東制，員工皆可依年資享有認股資格，壓力山大，王建仁卻信誓旦旦地跟會計師保證，給他一個月的時間試試，最後他果然利用二十五天就達成使命。原來他運用利他策略，先將股份買回，再讓股東按原有股份繼續享有分紅，如此一來股東可以拿回一筆錢，又可以繼續分紅。

多那之集團目前已有三十多位加盟主，通常一般連鎖加盟業的經營，經常會和加盟主站在諜對諜的對立面，但王建仁的想法不一樣，「加盟主能拿出一、二千萬元加盟，代表都是很有能力的人，我們不是要教他們做生意，而是要協助他們克服困難」、「和加盟主是夥伴關係，開會不是去聽答案，而是一起討論解決方案」，經常找加盟主暢聊環境與營運現況的王建仁，分享兩方溝通的關鍵，在於先釐清自己應該扮演的角色與任務。

## 人才荒解方
## 鼓勵創新和內部創業

適逢少子化的浪潮下，餐飲烘焙業和許多產業相同，都面臨人才荒的問題，再加上過往該產業的門檻並不高，經常有員工出走創業成為競爭對手的狀況，為了解決這個大環境的困境，王建仁的碩士論文即以此題目為方向，希望能找出人才荒下餐飲烘焙業的解方。

例如培訓過程中曾發生，負責內訓的高層咖啡講師利用上課的機會，竟私下挖角公司直營店和加盟店的咖啡師，另外自行創業開設平價咖啡館，王建仁坦言當時加盟主怨聲載道，曾讓企業總部承擔不小的壓力，公司因此決定培養更多的咖啡師分區執行，並且透過產品與外觀的差異化來加強競爭力。

「企業的競爭力在創新，而非抄襲」，為了一圓員工可能有的創業夢想，王建仁在二〇二一年創立的「Mini D」，不只開拓加盟商機，更提供給考核績效良好，並有創業夢想的員工內部創業的機會。秉持一貫把餅做大的思維，他不侷限於既有的規模，而是持續開發新品牌，未來並有展店三百家的計畫，因此，他不只經常思考各種商業模式的可能性，多那之內部也積極鼓勵同仁創新，並透過獎金發放、鼓勵內部提案等方式鼓勵創新。

「我們鼓勵員工內部創業，只要通過考核就會優先晉升店長」，多那之將相關的獎勵落實並明確制定，讓員工們都能有努力的方向。「我會鼓勵他們創業後，也可以成為我們的策略廠商，更可以成為策略夥伴。」尊重同仁們的夢想，他也願意用自己的資源加以支持，並積極思考具誘因的鼓勵策略。

他的願景不是只有自己，也不是只有公司，「我希望帶技術人才升級，協助師傅和主管提昇，並帶領原始股東傳承經驗，往智囊團方向走」、「有經驗的人沒有進化，就會老化」，他心目中的傳承不侷限於自己的孩子，而是希望有能力的人都能獲拔擢。

在王建仁心目中的理想國，要能人盡其才，因此，他朝向建構年輕人和資深從業人員都能一展長才並持續提升的平台努力。「和夥伴們一起走到老，而不是一路做到老」，他腦海中這個咖啡、甜點的幸福產業所指的「幸福」，不單只是對消費者而言。「領導者要有清晰的目標和願景」，王建仁自我期許要有更高的視野，才能帶大家一起往前衝。

## 走上公開發行之路 邁向永續經營

多那之國際已於二〇二四年八月登錄興櫃，並希望能在二〇二五年底掛牌上櫃。王建仁認為企業要做大，必須透過外部稽核機制來梳理內部流程，而走上公開發行之路，也是為了朝永續經營的方向邁進。多那之總經理林育芳補充：「配合上櫃作業，運用ERP系統做九大循環以及跨部門的溝通整合，能夠連結部門與部門間的交接，改善營運流程。」王建仁再舉例：「像是生產部，如果沒有透過ERP生產，沒有外部稽核，很難掌控成本，而且沒有成本概念，就無法有好的定價策略。」

「以前的人出嫁會訂做傳統大餅，我一次做千餘斤的大餅，想要有多的材料做個綠豆椪都很難，因為原料會算得很精準。」王建仁回想自己對數字敏感度的啟蒙。從烘焙學徒走上創業之路，從原物料的精準估算、標會創業、貸款購買機器和廠房，到設計加盟、展店的制度，以及員工的考核、獎金、認股等獎勵機制，他頭腦裡宛若裝了一部不停運作的高階財務型計算機。

幾乎全年無休的服務業，經營者也需要有高度的投入，因為產線同仁會輪班，「即使大年初一還是要到公司發紅包、看產線，沒有時間陪伴家人是一定的」，「隨著台中翻新舊廠、桃園新廠的成立，以及中北部分店的持續拓展，未來還會更忙」，依著發展藍圖逐一布建，他樂在其中。

## 多品牌持續展店
## 發展藍圖不斷升級

曾帶領公司師傅、同仁至國外參訪，王建仁發現台灣市場競爭之激烈，可謂「殘酷舞台」，必須做到極致才能占有一席之地，但相對來說，能立足於台灣，在國際市場就更有機會。因此，他計畫在順利達成上櫃目標後，再進軍海外市場，並思考以茶飲進軍國際的可能性。他提及景仰的創業者郭台銘、陳泰銘都是透過併購快速發展，因此，這也是前進海外市場的可能模式之一。

在消費者變化快速的時代，「創新」是經營者必要的修練，「我經常會思考商業模式的突破點」，多那之的烘焙坊於經營十五年後轉型成新型態複合式咖啡店，七年後發展高價位的子品牌卡啡那，再過了七年，發展第三個子品牌Mini D，「基礎建立以後，未來朝多品牌方向發展，能針對各品牌給予不同的武器，想像空間很大。」王建仁心中已有一張能夠不斷升級的集團發展藍圖。

經營者也必須持續學習，才能帶領企業不斷升級，王建仁不吝嗇分享他的學習方法。在中山EMBA畢業後，計畫持續於中山、台大開設的後EMBA進修，他也會將所學與公司同仁分享，帶領員工一起成長；而經常需要視察全台各分店的他，在事業經營上，提及心目中的兩位Role model，一位是最睿智的張忠謀，一位則是最具狼性的郭台銘。

他分享，郭台銘曾經說過，「在今天的世界沒有大的打敗小的、只有快的打敗慢的；贏家永遠有兩個競爭者，一個是時間，一個是自己。」張忠謀提到「我工作，所以我存在；對我來說工作就是人生，我的人生的意義就是工作，假如沒有工作，我的人生也就沒有什麼意義。」這兩段話讓他非常有感。

「創業之路充滿挑戰和挫折，面對困難勿輕言放棄、保持足夠耐心等待成果出現，要有強大領導力與包容力、激勵並帶領團隊共同實現目標；具備良好財務管理能力、確保公司財務健康。」王建仁強調這就是經營者的修煉，他將事業成就歸因於「專一」與「堅持」，愛上人們把食物吃進口中瞬間的幸福感，他對此專一，並擬訂計劃，堅持不懈地實踐夢想。

## 那些EMBA教會我的事

- 企業集團各品牌都要有獨立的經理人、行銷企劃和生產線，這是讓三個品牌都能展現獨特個性的成功關鍵。
- 因應少子化及人力成本持續上升，新廠將導入低碳節能智慧化設備，其他廠房也將持續整合機械手臂和生產流程。
- 「缺人也是一種商機！」以另類的角度看待問題，透過導入ＡＩ設備走向自動化生產模式，反而可以拉高企業護城河圍牆。

- 在今天的世界沒有大的打敗小的、只有快的打敗慢的；贏家永遠有兩個競爭者，一個是時間，一個是自己。
- 運用ＥＲＰ系統做九大循環以及跨部門的溝通整合，能夠連結部門與部門間的交接，改善營運流程。

Dialog

# 與教授對話

中山大學財管系教授　王昭文

## 成功塑造台灣烘焙與咖啡業領導品牌

王建仁學長給人的第一印象是謙謙君子，溫文儒雅且專注細膩，擅長觀察並不斷創新。他將這些特質展現在事業發展上，先後創立了三個品牌，以精確的市場定位來滿足不同消費族群。「多那之」主打平價大眾市場，「卡啡那」以精緻法式甜點吸引高端消費者，而「Mini D」則專注於地中海風格的早午餐輕食。

受85度C複合經營模式啟發，於二〇〇六年將多那之轉型為複合式咖啡店；面對少子化及人力成本上升的挑戰，於二〇〇九年在高雄設立中央工廠及總部，引進ERP系統、自動化和AI技術，提升產能和品質，並藉由中央工廠的精準生產與配送管控來鞏固競爭優勢，為企業打造出穩固的「護城河」。正如他所言：「一座隧道爐的價格，差不多等同於一台法拉利！」這些資本投入為企業長期競爭力奠定成功的基礎。

經營理念上，王建仁學長深受台積電張忠謀與鴻海郭台銘「快者為王」策略的啟發，強調唯有快速反應和持續創新才能在競爭激烈的市場中立於不敗之地。透過品牌多樣化、創新產品設計及價值共享理念，成功塑造出台灣烘焙與咖啡業的領導品牌，吸引多層次消費者。為實現此目標，他打破連鎖店單一裝修風格的傳統，推行在地化策略，讓每家門市融入當地文化特色。此創新舉措在業界引發深遠影響，甚至讓星巴克等國際品牌效仿，讓連鎖咖啡店風格不再千篇一律。

王建仁學長秉持「利他」的思維，透過利益共享增強企業的向心力，鼓勵員工入股及參與分潤，並與加盟主建立深厚的夥伴關係，進一步創立「Mini D」，為員工提供內部創業機會，提升企業的凝聚力和責任感。隨著多那之國際在二〇二四年登錄興櫃，並計劃於二〇二五年上櫃後積極推動品牌國際化，將茶飲等業務拓展至國際市場，可以看出王建仁學長以科技和管理創新為企業注入持續動力，樹立行業新典範，多那之國際站上國際舞台的日子指日可待。

CONCERTO OF SUCCESS

「苦幹苦學，做愈多學愈多。」

威易董事長

王金茂

現任：威易股份有限公司董事長

學歷：國立中山大學 EMBA

經歷：合板公司廠長、業務經理、總經理，威易公司總經理

專長：合板製造與銷售

*Profile*

# Chapter 2

# 老字號合板進口批發商 撐起台灣建物半邊天

座落高雄市大寮區的威易公司，佔地達三千坪單層廠房內，層次井然地堆置著各式建築、裝潢用合板板材，耳邊轟隆作響的是作業中的切割機、堆高機和大卡車，威易像這樣的自有廠房在大寮有三間，總佔地逾六千坪，每日吞吐過半國內市場所需建築合板板材，支撐起台灣營造和裝潢產業的運作。

營建業素有火車頭工業之稱，對於帶動經濟成長有舉足輕重的地位，而一棟建築的構成，需要樑柱和牆板互相支持，才有辦法站穩腳步，從建物成牆立柱澆灌混凝土定型時扮演重要角色的「建築用合板」，以及可應用於室內裝修及家具製造的「裝修用合板」，可知合板業的發展與營建業密切相關，或可稱為火車頭的窗戶，可以一窺經濟發展的方向及力道。

一九九四年創立，深耕國內合板市場近三十年的威易公司，是老字號的合板進口批發商，從建築用合板市場起家，延伸發展裝修用合板及木地板，年進口兩千個貨櫃，市占率超過六成，撐起台灣建物半邊天。

## 小學開始自己賺學費 從合板廠工人做到總經理

威易公司創辦人王金茂回憶自己的成長過程，走過台灣經濟的跌宕起伏，他的努力從六十年前開始。一九六〇年代，台灣的經濟剛脫離依賴美援的階段，各行各業都尚在起步階段，「因為被環境所逼，一心只想著要積極克服困難。」

他從國小開始就要煩惱學費來源，一年級就會去工廠買冰棒賣給鄰居，四、

▲威易通過 ISO9001 品質管理系統認證。

▲威易像這樣的自有廠房有三間，總佔地逾六千坪。

▲威易銷售的合板以虹牌為品牌，圖為位於大寮的總部。

▲ 立足大寮三十年，2015 年擴大營業搬遷至現址。

▲半退休狀態仍每天進公司辦公。

▲合板是以不同木材交互堆疊並黏著而成的板材，圖為威昜樣品。

▲參觀班代公司—上強漁業的漁船，攝於輪機室。

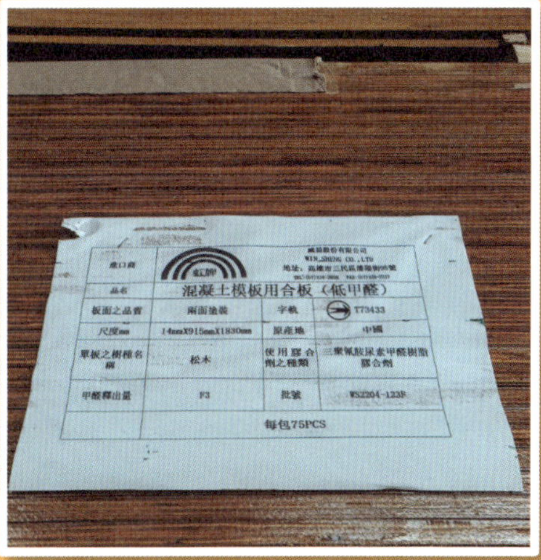


▲ 清水模專用模板近年成市場新寵。

五年級暑假還到木材衣架工廠做童工，賺取一天八元的微薄薪資貼補學費，正當其他孩子享受假期玩樂時，他卻盤算一個月不休息可賺到二百四十元，年幼自食其力創造自我價值、勇敢朝目標邁進的成功經驗，養成他長大後正面積極的處事態度。

升高中後，王金茂從嘉義來到高雄，一邊讀書，一邊在親戚開的雜貨店半工半讀，當兵退伍後，繼續進入親戚經營的合板工廠，從最基層的工人起步，任勞任怨、苦幹苦學，因為花費大量心思研究各式合板的板材及製程，又不計較得失地全心投入，每日早出晚歸，不到三十歲就歷練廠長、業務經理，更扛起總經理的重任。

## 看到市場商機 夫妻攜手創業

合板的製造流程繁瑣，涉及原木樹種之選擇，並需要經過去皮、加熱蒸煮、旋切、烘乾、整理調版、膠合塗佈、冷熱壓、養生裁邊、標示包裝等階段。在台灣經濟以出口為導向的時代，親戚的公司原是購買進口原木以製作合板的半成品，再銷售給合板工廠出口至中東和歐美市場，但下游客戶因高關稅問題導致缺乏市場競爭力，親戚決定結束營業，因此請王金茂負責處理進口的原木存貨，並約定以償還貨款後的利潤做為報酬。

他將原木等板材銷售給傢俱工廠和建材行，在過程中，他發現國內的裝修和建築市場逐漸成長，看到其中的商機，加上熟悉合板的原料、生產和銷售事務，因此將銷售所得的二、三百萬元做為第一桶金，創業成立威易公司。

創業正逢「台灣錢淹腳目」的時代，看好國內建築市場，威易仍維持自產自銷的做法，成立自己的生產工廠。王金茂直接自國外採購原木等原料以降低成本，並從熟悉的合板半成品市場開始經營。在這個公司的起步階段，有限的資本既要租廠房，又要採購原料、聘請工人，財務壓力相當大，只能戰戰兢兢前行，所幸

▲中山 EMBA 迎新送舊活動合影。

▲ EMBA 赴美參訪，攝於喬治亞州亞特蘭大市政廳。

▲中山 EMBA 日本畢業旅行，與同學合影。

▲ 中山 EMBA 同遊合歡山，登武嶺。

▲ EMBA 畢業論文答辯留影。

▲ 2024 年中山大學 EMBA 畢業。

▲畢業典禮與教授、同學合影。

▲ 中山 EMBA 畢業後，持續進入後 EMBA 西灣生生塾學習。

太太有會計專業，為他精算每一筆支出。然而，財務雖有另一半坐鎮，並聘有廠長管理工廠，但他一個人要負責採購、業務和收款，「一個月中有二週在國外採購原料、二週在國內開發業務和收帳。」過著空中飛人般來回奔波的日子。

一九九〇年代開始，隨著股市下滑，景氣低迷，台灣又因缺乏林木資源全面禁止砍伐森林，加上國內勞動力短缺下工資高漲，產品競爭力不及東南亞，產業出走潮爆發，他因此兩度至具有豐富林木資源的馬來西亞設立合板生產工廠，並配合客戶需求，從建築用合板漸次發展至裝潢、包裝用合板產品。

王金茂回想，台灣早期的建築物，牆面在灌漿時採用的不是規格化且經過防水處理的合板，而是以木板拼接釘製而成，施工不便外，牆面亦不如現今建築物般平整，其後因台灣經濟及建築工法進步，民眾對建築物的要求提高，合板才漸成主流。

## 從生產工廠轉型貿易商
## 深耕中國製合板帶動營業額躍升

隨著全球化的開展，中國逐漸成為世界工廠，掌握下游的銷售管道，威易也順勢結束工廠，改從東南亞、中國等地進口品質可靠、價格低廉的產品，轉型成為貿易商。

王金茂熟悉合板製程，在篩選供應商時，只要在訪廠時看到製程及所使用的機器，就可大致掌握供應商的產品質量是否符合標準，他也將眉角傳承，並輔導供應商進行製程的改善。

轉型成為貿易商後，王金茂將經營重點放在海外生產工廠的尋找和國內銷售網絡的經營，威易目前主要從東南亞及中國進口合板，但也會視客戶需求引進諸如俄羅斯等地區的產品。他們不只在海外佈局了多組人馬，負責採購和開發供應商，更由專人進行品質控管，這是威易與同業的差異，也是競爭優勢所在。

▲畢業典禮與黃明新指導教授合影。

▲畢業前的教室合影。

▲ 2024 年參加國際商學院戈壁挑戰賽。

▲中山戈 19 團隊遠征玄奘之路。

▲ 與家人同遊泰國。

▲與摯友家庭聚會。

▲另一半是創業路上的神隊友。

▲父親節全家福。

「疫情期間大家都不能出國，但在海外長駐的團隊照常運作，反而有利於威易的發展。」原來，他早在二十多年前就進入中國開發供應商，並於近七、八年漸收成效，是台灣最早引進中國製合板的供應商。

然而，每個市場有著不同的特性，早期他們從東南亞轉進中國時，因為不懂步步為營，也曾栽過跟頭。「跟中國的供應商談價格是沒有意義的，砍的價格對方會直接用偷工減料補回。」他分享他的血淚經驗，原來在當年，曾有一批建築用合板已在合約註記要做建築防水，但他們出貨後工地卻反應拿到的合板並不防水，他們因此緊急向客戶道歉並回收換貨，損失了貨款十萬美元。

為了避免類似的狀況再次發生，他們配合多家供應商，並從小量訂單做起，在合作穩定後再加大訂單量，也開始在當地派專人進行品質管控。為確保充足的產品供應，目前威易在中國各省份已有十餘間供應商，並且仍持續擴大開發中。

「除了掌握生產的條件，更要了解客人的需要，並走在同業之前引進產品。」早期，王金茂會親自到國外找新的材料，如今，則是在當地聘請專門的團隊代勞，而兒子也不用像當年的他一般飛來飛去，「現在只要一年到國外兩次就好了」他笑著說。

近年來，市場對中國製合板的接受度提高，讓威易迎來快速的成長，平均年營業額成長兩成以上，因應產品線及進口量的增加，更於二〇二三年在大寮蓋第三間廠房。「中國有再生林政策，種植時間短，再加上人工便宜，原材料成本相對低，隨著中國的生產能力提升，在市場上的接受度也逐漸提高，近幾年運輸成本倍增，更提升了中國製合板的競爭力。」王金茂分析。

先確保來源穩定後，在銷售上才能充份發揮，「目前台灣市場大概已有五成願接受中國製合板，仍有許多值得努力的空間。」王金茂將經營重點放在持續開發有信用、能長期配合的供應商，以確保產品的品質與價格，而在加入中山EMBA學習後，他對市場有更加明確的掌握，並將公司未來的努力方向聚焦到「產品來源」和「銷售」兩個方向，並透過具體化的數字擬定執行策略和重點。

## 倉儲、運輸成本高成天然進入障礙

合板批發是高資本進入門檻的領域，倉儲成本相當高，一方面由於進口合板需要龐大的倉儲空間，又迎來土地價格不斷上升，另一方面銷售通路的擴展也需要新購置廠房加以因應，以致於廠房成本也跟著提升，以威易於高雄市大寮區陸續購入總佔地逾六千坪的三間廠房，即可窺見一斑。

運費對於貿易商而言也是重要的基本支出，更需要時時關注國際資訊，才能及時因應。王金茂會透過報章雜誌的新聞掌握國際變化，他舉例，近年來接連的俄烏戰爭、紅海危機及中東緊張等戰爭風險時不時推升運價，讓原本只占三%至五%的運輸成本，上升到一成的比例；而歐盟在六月份突然宣佈，將自七月四日起針對中國出口的電動車加徵為期四個月的臨時關稅，也因經銷商先行領牌以避開加徵關稅，帶動六月份運價上漲；因此，平時即要關注維持安全的庫存量，如存貨水位安全，就可以待運價回穩後再進貨。

然而，正因倉儲和運輸等的前期投入成本高，新廠商也不易切入，目前類似威易的合板批發商全台僅約十餘間。不諱言自己在創業的前二十年都經常遇到資金上的壓力，近年來雖然相關成本仍壓縮著威易的獲利，但所幸隨著市占率成長，公司規模逐漸擴大，營運反而邁向穩定。

## 把握趨勢
## 成建築用合板、超耐磨木地板龍頭

由於具高強度、防潮性高、尺寸穩定等優勢，合板在建築與裝修市場具有難以取代的優勢，威易以「虹牌」為品牌，並以黃、紅、綠三色的彩虹標誌為LOGO，透過品牌化的經營，依客戶需求提供各級別的合板板材。隨著台灣建築市場逐漸起飛，威易的銷售網絡也持續成長，成為國內建築用合板最大的供應商，迄今，在建築用合板市占率高達六成，裝修用合板近三成，應用於近年來裝修建材中新興超耐磨木地板的底層，市占率甚至高達七成。

建築用合板的最主要用途，在於建築施工時作為混凝土澆灌定型用的「混凝土模板用合板」，因需承受混凝土的重量和壓力，或又有重覆使用的需求，防水和耐用程度都是採購的重點；近年來，在環保的意識下，建築反璞歸真，在日本建築大師安藤忠雄，以及日月潭向山遊客中心、台北法鼓山農禪寺、十三行博物館等知名建物的帶動下，能夠減少裝飾和工料耗損且散發混凝土自然原色的「清水模建築」成為建築界新寵，也有許多公共空間和私人住宅等跟進，甚至可以用來做單一的牆面以提升室內空間的質感。隨著建築師的創意及技術的進步，混凝土表面還可以透過模板呈現光滑、霧面或木紋等質感，營造自然、日式或現代風格，而這些即依賴「混凝土模板用合板」中清水模板的品質。

「裝潢用合板」則用於包括牆面、地板、門框和家具製造等，用途多元，透過相關廠商多樣化的表面處理選項加工後，可兼顧抗污、防潮和耐用度，並滿足各種設計風格和需求。

綠色環保是世界趨勢，歐美等國的合板採購多已要求需有綠建材相關認證，中國的再生林政策也符合環保趨勢，做為國內主要合板供應商，近年來威易持續朝提升綠建材比例方向努力，在符合台灣的甲醛釋放量標準的原則下，積極採購由再生林木材製成的原材料。

一方面於東南亞、中國大陸等海外市場建立團隊，積極開發供應商，威易也由業務端用心了解客戶需求及市場變化，或積極在海外為客戶尋找需要的材料，或依客戶需求開發不同規格、價位的產品線，做好服務的提供，讓營造廠、中盤商和組合工廠等下游客戶更安心，「生意是建立在信用上」王金茂說。

創業近四十年，經歷過許多曲折，迄今仍有十餘家從創業初期配合至今的客戶，除了商業上的合作，更是互相信任和支持的好朋友。王金茂回憶在金融海嘯時因銀行信用緊縮，公司資金一度捉襟見肘，所幸仍有許多客戶因經年合作的情誼而願意配合付現，甚至預先支付貨款，支持他們度過危機。

## 重視品行與溝通能力
## 給犯錯的人改過的機會

由於是貿易商的型態，不涉及生產，需要的員工不多，公司的人員結構相對單純，除了在海外派駐專人開拓貨源外，國內則以財務及業務銷售人才為主。業務出身的王金茂，最看重的是「品行」和「與客人溝通的能力」。

他曾遇過兩次銷售單位的業務同仁將公司產品對外盜賣的監守自盜行為。當時，他親自與員工對談，並選擇用寬容的態度看待，「監守自盜是正常的，頭腦好的人容易搞東搞西。」他也分享他的處理方式：「如果當下認賠，損失高達一、二千萬，但是我跟他協商，從他未來的銷售獎金慢慢扣回來，最後也賺回來了。」

他認為每個崗位適合的人才難覓，「員工做一段時間，什麼都熟了，換新的人需要時間培養，也不一定就不會再犯錯」，而且「中小企業的制度不如大企業完整，漏洞原本就多，問題發生代表著一種提醒。」而這也可以看出他總以正向態度面對問題的性格。

「開公司要心胸寬大」王金茂認為只要員工能把工作做好，在優點大於缺點的前提下，他願意多利用他們的優點，並且處理缺點；他更以自己的經驗勉勵年輕人要多用心於工作，不要做一點點事就開始談報酬，或者搞內鬥，學到的東西都將成為自己的資本，當做事用心而有所成時，公司自然會看到。

## 夫妻共事磨合成長
## 二代接班易子而教

與另一半攜手創業，起步階段太太掌管財務，王金茂負責業務和生產，兩人總會從不同的面向看待事情，他分享與另一半磨合的經驗。原來，曾有一次遇到客戶支票開的票期較長，當時太太並不同意，但做業務的在外面第一線面對客戶，總會習慣盡可能給客戶方便，想不到收款時卻無法兌現，貨款損失金額高達上千萬元。自此，他明白太太把關的重要性，並更尊重她的意見。

一雙子女也陪伴他們走過公司的成長階段，並在學校畢業後進入公司學習，在業務開發部份，主張易子而教的王金茂，安排公司資深業務同仁帶兒子去拜訪客戶，女兒也不是由太太親自教導，而是交由財務人員帶在身邊學習，希望能循序漸進透過身歷其境來磨鍊。「別人教的效果比自己教得好」他笑著說。一雙子女現已無縫接軌地接手公司經營十餘年，同樣進行業務與財務的分工。

雖然經營的擔子已交出去十餘年，半退休狀態的他還是天天花近一個小時開車到公司報到，更於二〇二二年加入中山ＥＭＢＡ學習，他的論文以《合板的應用與市場變化》為題，希望透過對市場需求進行系統化的整理，以引導未來的產品引進方向。

原以交朋友的心態進入中山ＥＭＢＡ，但王金茂發現學習能夠改變經營的思維，讓他成功透過預見未來提早佈局，感覺更有方向和願景，畢業後更持續進入「後ＥＭＢＡ——西灣生生塾」學習。他也積極參與包括高爾夫、品酒、登山等各式社團和活動，並結交了許多好友。「兩年太短了，同學年輕，自己心態上也變年輕了。」他收穫滿滿，更鼓勵長子也一同加入ＥＭＢＡ的進修行列。

回顧自已的創業生涯，他分享：「創業就像是一條沒有終點的路，過程中要接受市場的挑戰，謹慎地經營公司，謹記要有利潤、不能虧錢。」他一方面把畢生的經驗傳給一雙子女，一方面仍時常透過新聞關注市場變化並思考對策，樂在其中地扮演公司的掌舵人。

EMBA

# 那些EMBA教會我的事

- 跟中國的供應商談價格是沒有意義的，砍的價格他們會直接用偷工減料補回。
- 為確保充足的產品供應，要配合多家供應商，從小量訂單做起，在合作穩定後再加大訂單量，並在當地派專人進行品質管控。
- 開公司要心胸寬大，只要員工能把工作做好，在優點大於缺點的前提下，多利用他們的優點，並且處理缺點。
- 運費對於貿易商而言是重要的基本支出，需要時時關注國際資訊，才能及時因應。
- 中小企業的管理制度不如大企業完整，漏洞原本就多，問題發生代表著一種提醒。

Dialog

# 與教授對話

中山大學企管系教授　黃明新

## 對台灣經濟發展扮演重要角色

本人很榮幸擔任王金茂董事長的論文指導教授，同時也是他班級（EMBA第25屆）的班導師。在班上，同學暱稱王金茂為「乾爹」，由這個稱號可知王金茂很照顧班上同學，獲得同學們的愛戴。

王金茂董事長，白手起家，一九九四年所創立的威易公司，目前在相關的合板產業市占率超過六成，對台灣的經濟發展扮演著非常重要的角色。綜觀威易公司的發展歷程及成功關鍵，其實是緊扣著台灣經貿環境的改變所做出的因應策略及商業模式的調整，印證在管理理論中所強調的外在環境（例如：PEST分析）的重要性。大致而言，威易公司發展的兩個重要里程碑：

**1.出口導向轉為進口導向：**

王金茂起初是進入親戚經營的合板工廠，購買進口原木以製作合板的半成品，再外銷出口，但隨著台灣經濟起飛，人工、土地成本相對提高，這種以出口為導向的經營模式，缺乏國際競爭力，親戚工廠因此結束營業。王金茂自行創業成立威易公司，因應經濟起飛所帶動的裝修和建築市場對合板的需求，威易進口原木及板材，成立自己的生產工廠自產自銷，奠定事業發展的基礎。

**2.由生產工廠轉變貿易商：**

威易公司商業模式轉變的第二個重要階段始於一九九〇年代，因應台灣勞動力短缺、工資高漲，合板產品競爭力不及東南亞，中國亦逐漸成為世界工廠，在當時全球化的浪潮下，威易順勢結束工廠的生產，改從東南亞、中國等地進口品質優良且具價格競爭力的產品，以因應台灣市場的需求，商業模式由生產工廠轉型為貿易商。

回顧威易公司的發展歷程，可以清楚看出王金茂在經營事業時所具備對環境變化的敏銳度，及快速反應的能力。此外，經營者的人格特質，也是決定企業經營成功與否的關鍵因素。在論文指導期間，充分感受到王金茂對論文進度的規劃和掌控及對內容細節的堅持；尤其，論文口試完，王金茂針對口試委員提出的建議所修改的仔細程度，是一般學生很罕見的。很高興王金茂將自身成功的經驗與人分享，並樂見王金茂樹立成功二代接班的典範，持續威易公司的成長與茁壯。

CONCERTO OF SUCCESS

青禾不動產 董事長

# 曾銘薦

「瀑布之所以壯觀，是因為沒有退路。」

青禾不動產董事長

**曾銘薦**

現任：青禾不動產股份有限公司董事長

學歷：國立中山大學 EMBA

經歷：工務監工、建設公司董事長助理、工程統包、建設公司股東兼工地主任、建設公司大股東兼營運長

專長：土地規劃、建案工務管理、財務管理

Profile

Chapter 3

# 榮獲國家建築金獎 深耕屏東二十載

「噴泉之所以漂亮，是因為它有了壓力；瀑布之所以壯觀，是因為沒有退路。」人生頭一回踏入職場就因擔任企業連帶保證人，遭遇公司破產拖累負債五億元，白手起家的青禾不動產集團董事長曾銘薦，秉持巨蟹座愈挫愈勇的信念，不僅重振旗鼓翻轉人生，更成功打造自己的建設王國。

在逆境中，擁有成功性格的企業家往往堅韌不拔，能夠忍受困難和挑戰，富有強烈直覺和敏銳洞察力，特斯拉創辦人馬斯克（Elon Musk）、台灣半導體教父張忠謀就是箇中翹楚。逆風而行的曾銘薦初次創業時自潮州起家，鎖定在地客自住的剛性購屋需求，歷年來在潮州、萬丹、東港等地已推出逾二十個建案，同時以一條龍策略橫跨房地產上中下游的建設、營造和行銷事業，樹立深耕屏東房市的青禾不動產集團。

## 作保揹債走上創業路
## 深耕屏東建立口碑

國中就開始幫忙擔任地政士的父親處理文件，曾銘薦對土地、建築並不陌生，雖然在校時學的是電機專業，但退伍後適逢台灣房地產的產業興盛，他因而走進工地從監工做起，更利用空閒承接民宅整修、改建工程以賺取額外收入，沒兩年又被另一間建設公司挖角擔任董事長助理，年輕人的事業發展，似乎充滿明亮的前景與無限的可能性。

不料，經濟的泡沫卻在無形中醞釀蠢動。他在建設公司擔任董事長特助時，

▲千坪造鎮建案——青禾鎮。

▲監察院張博雅前院長頒發金獅獎。

▲榮獲第 23 屆國家建築金獎，獲副總統賴清德接見。

▲曾任內政部部長的李鴻源教授頒發台灣誠信品牌。

▲ 2023 年金獅獎專家評委前來實地訪視。

▲立法院周雅淑顧問頒發雙冠王證書。

▲主持金獅獎專家訪視，簡介青禾寓建案。

▲ 2023 年國家建築金獎評審暨參訪活動。

因為負責辦理銀行交涉業務，董事長特聘他擔任公司董事，甚至要求擔任公司的連帶保證人，誤以為自己受到重用的年輕人，毅然地承擔起這個重任，卻沒想到明明坐擁超過五甲近一萬五千坪建地的公司，居然會驟然說倒就倒！

「年輕時不懂經營的風險，但現在的我回頭審視，之前公司的收入不足以支持開銷，面臨倒閉幾乎是遲早的問題。」曾銘薦遙想當年，原來，那時市場貸款利率高達百分之九至十，公司每個月都要還幾百萬元利息，卻沒有充裕的收入，憑藉繼承而取得大筆土地的老闆，平日總是隨便拿土地貸款勉強應付支出，孰料一九九七年亞洲金融風暴瞬間爆發，引起許多建商資金斷鏈，掀起一陣倒閉潮的骨牌效應，他任職的公司也在一夕之間宣佈倒閉，高達新台幣五億元的天價債務，竟因此全部落在年僅二十七歲的曾銘薦身上。

對一個初出社會沒有背景、沒有資源、只單純想要工作賺錢的二十七歲大男孩而言，百萬元就已遙不可及，更不要說五億元相當現在的五十億元，對年輕素人而言，簡直就像五百億元一樣天價的數字。

「你怎麼那麼傻！」曾銘薦憶起跟家人提到時，家人對他只有責備，他也明白家人愛莫能助的無奈，「擔心被我連累，家人選擇做切割也是人之常情，畢竟是自己闖下的大禍，仍然是自己要獨立面對的現實。」他更了解，面對這種從天而降的巨大金額負債，沒有背景的他不可能靠任何人幫忙，發生這樣的大事件，始終是自己才能救自己，無法期待任何人伸援手，「既然意外狀況發生了，也只能獨自一人咬牙扛起，唯有勇敢面對現實，才會知道該如何走下去。」

「雖然當時我很慘，但我還有健康的身體、強大的生存戰鬥力，相對比我更難生存的人，我還算幸運。」或許天將降大任於斯人，自然會給予超乎常人的艱難考驗，父母儘管無奈卻無法伸出援手，但早就已經給了曾銘薦一副能拼能幹的結實身體，事實也證明，多年異於常人的拼鬥生活，確實不是一般人能負荷的，「幸好樂觀進取也同時深刻植入我的意念，正能量的傳遞，也默默地一直在影響我的生活。」

回想當時亞洲金融風暴，一片景氣低迷，工作不好找，曾銘薦因為沒有工作

▲近期建案青禾寓以縮時攝影記錄施工過程，做為建築履歷。

▲旗下利禾營造正一步步累積承攬工程，預計 2026 年升等甲級營造廠。

▲主持中洲段青禾蓁開工大典。

▲以長 18 米的 PC 基樁植入基礎，打造最穩固的基地。

▲ E 聯會會長聯誼餐會合影。

▲ 2023 年擔任 E 聯會會長，帶中山大學參加泳渡日月潭。

▲美國海外教學在大峽谷旅遊合影。

▲ EMBA 美國喬治亞理工學院移地教學合影。

連房租都付不起，不敢回去租屋處睡覺，畢竟房東住在一樓都會經過，最慘澹的時候，他還曾經在公園睡兩天，並用公園廁所洗手台的水擦拭身體、在車站睡六天也是用車站廁所洗手台的水擦身體，並到處找朋友借錢過生活，不過年輕時所認識的人並沒有很好的經濟實力，所以很難借到大額五千元以上的暫借款，直到後來遇到一位友人工廠缺人，便直接答應了去幫忙。

但由於曾銘薦當時負債，因被法院執行查扣名下資產，無法有銀行存款，於是向朋友說明，自己只能領現金，也因負債身上沒有現金、無法租屋，希望能提供一個住處，朋友表示要向擔任總經理的叔叔遊說後才能確定，幸好廠方答應給付現金，並將工廠地下室的一間庫房整理後提供他住宿，這才解決當時無處可容身的窘境。

等到他去工廠上班後才發現，之所以會缺工，是因為這份職缺非常依靠重度勞力，每天不只要搬運超過六千公斤的材料、廢料，還要清洗許多工作器材，但曾銘薦告訴自己：「無論如何都必須咬牙硬撐下去」，因為這是朋友大力幫忙，才得到此次來之不易的機會。這份工作每天早上從六點再加班到晚上十一點，曾銘薦連休假都想加班賺錢，這樣持續大約十個月，累積存下五十幾萬元之後，他心想不能再把時間耗在這個職場環境裡，於是便向朋友及工廠辭掉工作，回歸從事原來的建築業，下定決心，從哪裡跌倒就從哪裡爬起來。

在那段人生中最低潮的日子，名下若有資產會被扣押，去企業上班則會被扣薪，多少個輾轉難眠的夜晚，再三思考也只有這條唯一的路。「創業其實是不得不的選擇」，他咬緊牙根，一方面先與銀行進行債務的協商，一方面想方設法運用自己監工的專業，積極創造可以增加現金流量的收入來源，並持續接洽民宅興建、整建工作，慢慢累積出口碑和人脈。

勤奮努力存了一筆錢後，二〇〇二年他開始嘗試參股建案，並受建設公司全權委託擔任工務主任，首次在屏東潮州初試啼聲，從規劃設計到新建施工，成功完成自己的第一個建案。

二〇〇七年，曾銘薦成立禾紳建設，這是他人生中創辦的第一間公司，與朋

▲畢業典禮由兩位指導教授頒發學位證書。

▲ E25 第 8 組聖誕晚會合影。

▲第一屆全國 EMBA 鐵馬論劍終點合影。

▲帶領中山 EMBA 戈 19 團隊抵達終點送上大旗。

▲帶兒子一起參加泳渡日月潭合影。

▲帶兒子參加全國 EMBA 馬拉松接力賽，與同組合影。

▲大峽谷看日出。

▲ 和孩子到白賓山登山健行，右邊大兒子宥勛、左邊小兒子宥崴。

友合夥以六、七百萬元的資金起步，嘗試開始購地興建，又於二〇一六年成立青禾不動產。他同樣於潮州出發，並於萬丹、東港、九如、內埔、崁頂等地陸續推案。隨著土地價格的上漲和公司資本的累積，推案也從總銷一千多萬元，僅二戶、四戶的透天厝，逐漸成長至今七、八十戶的華廈，總銷三至五億元的規模，十餘年來並保持每年都有推案、結案的穩定成長腳步，「以前是一案完銷才有餘力做第二個案子，近年來則會有購地、興建、銷售階段的案件重疊。」他樂觀分享公司的成長。

國境之南的屏東，適逢八八快速道路開通、高雄榮總屏東分院啟用，高鐵、高雄捷運延伸屏東計畫等重大建設利多加持下，地方逐漸浮現房地產榮景。始終堅持選擇穩札穩打路線的曾銘薦，觀察到屏東縣市的購屋主力，仍以公職人員居多，而近年來市場資金充裕，投資客、投資標的增加，但仍不到兩成，因此，他仍瞄準在地人自住的剛性購屋需求，並據以擬定推案的方向。

「消費者為了買房子，可能存了一輩子的錢，我們的專業就是把關施工品質，以誠信、務實的原則把房子蓋好，讓顧客安心。」曾銘薦說明現階段的目標：「不靠經營投資客或豪宅客群，而是把重點放在營造管理的監督，把錢花在客戶看得見的東西上，包括衛浴、廚具採用TOTO、櫻花等知名品牌，並且提供令客戶安心的保固和維修服務。」這樣關注品質的策略，也在地方建立口碑，獲得購屋民眾的指名。

## 誠信人格物以類聚 穩札穩打穩定成長

曾銘薦透露，由於購地興建的成本單位動輒都是以億元計算，屬於重資本支出的產業，但獲利金額也比較大，假設兩億元的投資金額，一〇%至一五%的回報率計算，代表會有二、三千萬元的獲利。由於中小型建商資金不如上市櫃建商雄厚，對有相當資產規模的人來說，投資建案則是用錢賺錢的途徑，因此，中小型建商與投資人合作投資建案就是業界常態，居中聯繫兩者的關鍵，就是「信任」

與「一致的價值觀」。

或許是大風大浪的人生歷練養成沉穩的性格，總能讓人與他互動的過程中不由自主感到信賴與安心，俗語說「物以類聚」，行事保守的他，素來吸引的也正是不願承擔高風險的投資人。「能夠獲得投資者的信任，這需要誠實、有信用，承諾過的事一定要負責到底」，曾銘薦分享過來人的經驗：「這些執行力的慣性就是人格特質，在做事的過程自然流露，需要經過時間的考驗，難以做假。」

每當景氣反轉時，都會有許多建商告別市場，挺過二〇〇三年的SARS、二〇〇八年的金融海嘯及二〇一五年美國聯準會升息並同時展開縮表帶來的房市震盪，他也將之歸因於自己相對保守的策略：「財務槓桿不大，個案資金準備充足才會興建，不怕不景氣。」

## 對抗大建商和打房政策
## 小型建商生存之道

近年來在全球通膨的影響下，房地產價格節節高漲，為了打炒房，內政部、央行手段頻頻，其中，「緊縮土建融貸款成數」影響最大，相對於上市櫃建商，資金不充裕的小型建商更是最大受災戶。然而，曾銘薦也有其因應之道，關鍵還是在於資金的募集，「可以透過募集市場游離資金，或者與其他小型建商結盟以擴充資本條件。」他分析小型建商的出路，而這些做法，也是他們的現在進行式。

他平日經常配合仲介並與地方人士交流，以獲取地主釋放土地的訊息，「地主要不要釋放土地是關鍵」，而土地購入成本關乎成敗，例如一塊地以每坪十萬元購入，但完工後土地行情上漲至每坪二十萬元，無論如何都能賺錢。因此，如果能在價格低的時候購入，推案時就立於不敗之地。然而，市場經常在變化，要面對的不只是政府的打壓，更辛苦的是業界的競爭。

「二、三線城市的市場，最怕的就是大型建商來分一杯羹」，曾銘薦舉例高雄美術館周邊的土地，在一坪六、七十萬元時，南部建商就已經覺得價格偏高，但北部建商南下獵地，卻是用一坪一百五十萬元加以收購。近年來，隨城市建設的推動，也開始有大型建商進入屏東縣市，「市場就是如此殘酷」他無奈地說，也正因此，更是一刻不得放鬆。

## 鎖定自住剛需
## 建設、營造、銷售一條龍

運用象徵生長與豐收的「禾」命名，以建設事業為主體，曾銘薦陸續創立「禾紳建設」、「青禾不動產」、「基禾建設」，並在過程中投入成立負責統包興建工程的「利禾營造」，和負責代銷事業的「金禾廣告行銷」，跨越營建事業一條龍的體系於是成形。除了建設事業持續推案外，旗下利禾營造也一步步累積承攬工程，「預計二〇二六年升等甲級營造廠後，將可承接政府工程及工業廠房等業務。」攤開心中的計畫藍圖，曾銘薦一步步向前邁進。

「建設公司的首要工作，就是找到交通便利的土地，規劃適合的產品，並以市場能接受的總價推出，消費者能買單才是重點。」曾銘薦分析，為了符合消費者需求，必須觀察市場趨勢，鎖定目標客層再思考行銷策略，同時，要推出什麼樣的產品，也應該在購買土地時就要列入考量。「低總價永遠是最引人注意的商品，擁有最大的市場。」堅持走穩札穩打的路線，他瞄準的是在地人自住的剛性購屋需求，歷年來推出的透天厝和華廈建案，也都是以此為方向。

為了進一步提升公司的營造實力，青禾不動產於二〇二二年參選國家建築金獎，並獲第二十三屆規劃設計類金獅獎肯定，利禾營造也連續三年獲國家建築金獎評選施工品質類金獅獎，青禾不動產更是連續三年獲得台灣永續關懷協會「誠信建商」認證。「相關評審都是學校教授或者業界專家，會到案場實地勘查並提供專業建議，讓我們有更多進步空間，也能讓消費者更安心。」曾銘薦開心地分享。

成功的售後服務可以圈粉顧客，甚至將消費者變成回頭客，曾銘薦表示，交屋後建設事業部會提供售後服務的資訊和電話給購屋客戶，迄今甚至仍繼續協助處理十多年前建案的維修工作，青禾更建置集團的客服平台，讓購屋客戶透過上網登錄，公司即會派人員前往協助，更可透過資料庫的建置累積經驗，提升建築品質。

## 二十三年清償五億負債
## 養成財務操作能力

「財務操作」的能力可說是建築業的重要決勝場。為了解決這筆從天而降的高額負債，多年來他持續找銀行的襄理、副理、經理及債務債權專業相關人員研討相關的應對，針對專業知識深入揣摩，也因為長期研討財務相關議題而受惠，了解財務規劃相當重要。「長期以來，想解決問題的態度變成習慣。」曾銘薦反思，當涉獵愈廣，能夠串聯的知識就愈多，不僅加速了他的學習效率，更讓愛上學習的他樂在其中。

一九九七年因作保揹負五億元的天價債務，居然以平均每年還款超過兩千萬元的驚人速度，一直持續不斷到二〇二〇年才清償完畢。這一堂歷經二十三年價值五億元的課，逼迫曾銘薦針對財務領域深入鑽研，培養出比一般人更強烈的財務概念，甚至影響到他對孩子的教育和栽培。

曾銘薦的兩個兒子分別念高職和大學，都是建築、土木相關的科系，他關注於孩子財務概念的培養，每月只提供符合生活基本開銷的零用錢，嚴格要求記帳，並給予額度上限僅五千元的信用卡，讓他們嘗試提早熟悉財務的收支平衡。

有趣的是，他教導孩子撰寫商業周刊等經營類雜誌的讀書心得賺稿費，他透露規則：「我給他們寫心得的稿費一個字五元」，鼓勵他們認識社會各個產業，提早思考未來趨勢方向。他觀察到個性比較古靈精怪的次子，因喜愛購物很認真撰寫讀後心得，稿費一年就賺了二十萬元！念大學的長子則相對物欲較低，只會偶而寫一、二篇心得賺零用錢。雖然在經濟上已有餘裕，但他希望能夠透過這樣的方式，讓孩子們了解，必須付出相對的努力才能賺到錢，而不是只要開口或伸手就能不勞而獲。

## 人才培養不易 呼籲教育改革

從工務監工入行，歷經工程統包、工地主任等職務，曾銘薦認為工地主任是建設公司的關鍵人才。「營造工程最大的魔鬼，在於能否控管材料不浪費、能否縮短工期又兼顧好品質」，這些都是工地主任的重要任務，而其關鍵能力，即在於「溝通協調」。他進一步說明，一個工地主任的養成，至少要經過兩個案子，如果以一個透天建案約歷時一年，一個華廈建案歷時一年半到二年間來計算，則至少要花上三年的時間培訓，從中也可看出人才養成之不易。

近年來台灣極力推動打造ＡＩ科技島，甚至讓未來的基礎勞動力都流向科技業，人力成本居高不下，工地主任也經常被挖角或獨立門戶創業。對於優秀員工或家族二代想要獨當一面，他秉持正面態度：「我願意幫他們做上游的資金籌備和購買土地等規劃，讓他們負責下游營建和銷售工作。」

少子化帶來人才荒的衝擊，營建產業缺工情況更是壓力山大，曾銘薦主動探詢學校產學合作可能性時發現，專科和職校在招生壓力下，竟以衝高升學率為目標，造成高等教育學用落差大，產學合作推動不易。他對比，工地有位七年資歷高職畢業同仁，目前已升任工地主任，而他認識當年選擇繼續升學四技的高職同學最近才以新人之姿就職，兩者薪資相差兩倍多，前者月薪已達六萬五千元，後者才二萬八千元，還得從頭學起。因為強調實務能力養成，曾銘薦也安排二代接班人趁今年暑假到工地實習，期待新竹讀土木系的長子畢業後先到中、北部建設公司磨練身手，就讀高職建築科的弟弟畢業後則進青禾學習。

## 一天工作二十小時
## 高效率創造驚人成果

美國艾森豪總統曾說：「重要的事很少緊急，緊急的事很少重要。」有些人只知依輕重緩急區分待辦事項，但總是不時會被棘手的事卡住，曾銘薦強調：「難辦的事項應以事緩則圓的態度，進行多方溝通討論取得共識再處理」、「不因事小而停擺，並用逐一完成的態度，不斷的克服所有挑戰」。

就如同一天只睡四小時的軍事奇才拿破崙，精神旺盛且自律，二十二年內打了七十多場戰役，典型的職場工作狂，曾銘薦的職場效率之高無人能及，「平均一天工作二十小時，相當於上班族二．五倍，工作效率幾乎高達普通人六倍，總計工作二十五年，完成一般人要三百七十五年才能完成的事。」他珍惜每分每秒的時間積極行動，投入常人將近三倍時間勤奮工作。

早在LINE等社群媒體還未登場的時代，時間管理大師曾銘薦就曾經同時掌管六個工地，另外包辦三個球隊、兩個聯誼會的總幹事，他除了要在工地跟工人溝通，球隊行程、聯誼餐會、國內外旅遊等活動也需要邀約接洽，之前每個月的電話費都超過七、八千元，經驗不斷累積，順理成章因此成了溝通達人。

曾銘薦進一步分享與人溝通的秘訣：「關鍵在於先仔細聆聽每個人想要表達

的意見再做討論，務求清楚明白後才能取得共識，並且將事情簡化流程，以不浪費彼此時間的方式處理每一件事」。正如人際溝通與領導大師卡內基所說：「如果希望成為一個善於談話的人，那就先做一個好的聆聽者。」

建築業本身即囊括了多元的專業領域，在加入中山大學EMBA學習後，曾銘薦更將課堂上傳授的經營策略、行銷手法和分析工具套入實務。同時在課堂之外，他也積極參與和推動各項活動，勇於擔任班代、EMBA在校生聯誼會會長等領導重任。

「新生共識營、泳渡日月潭、全國EMBA壘球賽、全國EMBA馬拉松賽等大活動都參加了兩次，還參加第一屆全國EMBA鐵馬論劍環島挑戰，今年和明年的玄奘之路戈壁挑戰賽也都參加。」加入EMBA能認識不同產業朋友，學習到更多生活知識，曾銘薦對多元知識的渴求，就像一塊積極吸取水份的海綿一般，畢業後已計畫繼續加入中山、台大後EMBA學程，持續在學習與成長的路上向前邁進。

EMBA

## 那些EMBA教會我的事

- 美國艾森豪總統名言：「重要的事很少緊急，緊急的事很少重要。」
- 人際溝通與領導大師卡內基強調：「如果希望成為一個善於談話的人，那就先做一個好的聆聽者。」
- 成功的售後服務可以圈粉顧客，甚至將消費者變成回頭客。
- 土建融貸款成數限制的打房政策對小型建商影響大，透過募集市場游離資金，或者與其他小型建商結盟以擴充資本條件，是可能的出路。
- 推案必須觀察市場趨勢，鎖定目標客層再思考行銷策略，想要推出什麼樣的產品，應該在購買土地時就要列入考量。
- 急事快辦，不急的事便按部就班的進行，難辦的事便以事緩則圓的態度，多方溝通討論來處理。

Dialog

## 與教授對話

中山大學公事所教授　吳偉寧

# 專注誠信與長期價值的經營

剛完成玄奘之路戈壁挑戰賽的曾銘薦，擁有「愈挫愈勇」的特質，能夠在逆境中重新振作，展現出卓越的抗壓能力和迎接挑戰的勇氣。曾銘薦在困難中不斷突破自我，他自小在土地行政與建築的家庭環境中成長，這為他奠定了穩固的專業基礎與經營DNA。美國企業家卡內基（Andrew Carnegie）提倡「從基層開始學起，方能更了解企業的每一環節。」曾銘薦正是如此，願意從基層做起，透過實務經驗累積知識與專業，展現了腳踏實地的作風，其經營理念中，有幾點特別值得學習：

**1. 逆境中的韌性與抗壓能力**

成功的關鍵在於面對逆境時的堅毅不拔。曾銘薦在公司破產與巨額債務危機的打擊下，依然能夠重整旗鼓，重新站穩腳步，顯示出他在逆境中存活並奮起的精神。這種精神不僅是他個人成長的核心，也深深植入企業文化，成為不動產事業持續發展的重要基礎。

**2. 穩健的經營策略與市場敏銳洞察**

曾銘薦敏銳地洞察到，屏東以自住需求為主的房地產市場特點，針對當地居民的剛性購屋需求，採取穩札穩打的推案策略。他堅持施工品質，選用知名品牌設備，以確保顧客的滿意度與信任感，並強調精確掌握市場現實，而非一味追求短期利益。

**3. 重視誠信與長期價值的企業文化**

塞內克（Simon Sinek）在《無限賽局》（The Infinite Game）一書中強調「無限思維」（Infinite Mindset），企業應該以長久而持續的價值為目標，並認為誠信與長期價值觀的培養，對企業的發展至關重要。曾銘薦深刻詮釋了，誠信作為企業長遠發展的基石。他將誠信與承諾作為與投資者和合作夥伴互動的核心，強調長期合作的重要價值。在面對市場挑戰時，他靈活應對，通過結盟擴大資本，展現務實且穩健的經營思路。

### 4. 高效管理與時間管理

曾銘薦通過聆聽、溝通與簡化流程來提升團隊的工作效率，並將時間管理做到極致。他重視在決策前的充分溝通，以凝聚團隊共識、提升業務推進的效率。這種領導風格與美國總統艾森豪所提出的「緊急的不重要，重要的永遠不緊急」的管理哲學不謀而合，也體現了他作為領導者的開放思維與靈活應變能力。

正如商業哲學家柯林斯（Jim Collins）在《從A到A+》中所提到的：「真正偉大的企業，是能在不斷變化的環境中找到平衡並持續成長。」曾銘薦的管理哲學強調在逆境中保持堅定的意志力，持續學習，專注於誠信與長期價值的經營策略，並結合高效的溝通與決策方式。他成功地強化市場分析能力、靈活應對政策變動、創新產品與服務、優化資金管理，使企業能夠在動盪的市場環境中保持穩定發展。

怡台企業 董事長

# 廖芙瑳

「時間花在哪裡，成就就在哪裡。」

怡台企業董事長

**廖芙瑳**

現任：怡台企業股份有限公司董事長、中山陽光社會關懷協會理事

學歷：國立中山大學 EMBA、國立政治大學企業管理學系

經歷：惠普電腦業務部秘書、怡台企業業務經理、怡台企業總經理

專長：化工泵浦、傳動設備設計規劃、工業貿易

*Profile*

# Chapter 4

# 台積電重要供應鏈夥伴 從微型企業到隱形冠軍

邁入高雄核心地帶亞洲新灣區的千坪廠辦，怡台企業大門宛如豪宅般戒備森嚴，經過綠意盎然的庭院休息區進入大廳，左手邊玻璃櫃展示知名藝術家創作的琉璃藝術品，挑高五米全落地窗的一樓空間中，會議室、交誼廳、辦公區共通點是寬敞明亮，價值數千萬元的庫存整齊地放置在倉庫中，即便偶遇品牌客戶訪廠也璀璨如新，反映著經營者數十年如一日的精神。

一九六〇年代，台灣開始向外拓展國際市場，積極發展勞力密集、出口導向的產業，看到家庭及工廠對水泵的需求，怡台企業董事長廖芙瑳的父親廖有爵抱持「為台灣市場引進世界最先進產品」的想法，於一九六九年成立怡大電機，將國外品牌泵浦引進台灣的工廠和家庭，成為怡台企業的前身。

秉持創辦人對工作賦予的使命，「貿易商不是買空賣空，而是要真正了解產品，把產品的特性轉換成商品的知識，然後傳達給客戶。」做為一家有五十五年歷史企業的領導者，廖芙瑳與總經理張國華分別扮演泵浦達人、傳動設備達人，兩人積極實踐創辦人的想法，不透過發展自有品牌與原廠爭利，而藉由基本功的建置不斷延伸，引進世界第一的產品支持台灣頂尖企業，將微型企業擴大成工業產品貿易領域中之隱形冠軍。

## 從一人商號到逾半世紀公司
## 與競標對手共創南霸天事業版圖

在日據時代學習機械專業的廖有爵，從個體戶型態的商號起家，向一般家庭

▲ 日本傳動設備大廠 TSUBAKIMOTO 社長來訪。

▲ 贈送公司資深員工金飾禮品。

▲ 定量泵浦大廠 Milton Roy 副總 Melvin Teo 訪台合影。

▲ 2023 年拜訪台灣之光協磁公司施志賢董事長。

▲ 怡台總部位於現今高雄核心發展地區亞洲新灣區。

▲怡台符合 ISO 9001 認證。

▲怡台參展高雄化工儀器展，同仁於展示攤位合影。

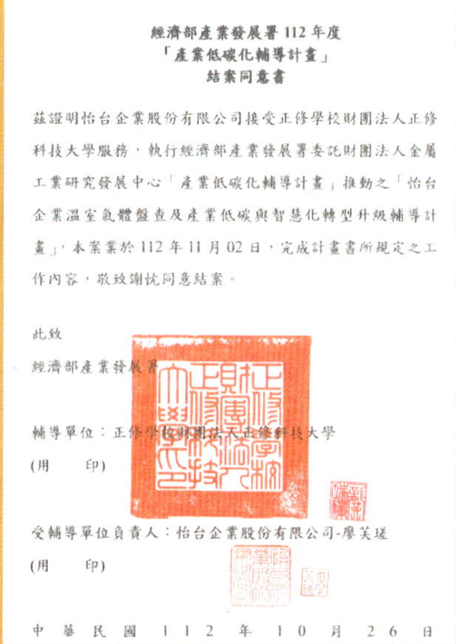

經濟部產業發展署 112 年度
「產業低碳化輔導計畫」
結案同意書

茲證明怡台企業股份有限公司接受正修學校財團法人正修科技大學服務，執行經濟部產業發展署委託財團法人金屬工業研究發展中心「產業低碳化輔導計畫」推動之「怡台企業溫室氣體盤查及產業低碳與智慧化轉型升級輔導計畫」，本案業於 112 年 11 月 02 日，完成計畫書所規定之工作內容，敬致謝忱同意結案。

此致

經濟部產業發展署

輔導單位：正修學校財團法人正修科技大學
(用 印)

受輔導單位負責人：怡台企業股份有限公司-廖芙瑳
(用 印)

中 華 民 國 1 1 2 年 1 0 月 2 6 日

▲怡台通過經濟部產發署產業低碳化輔導計畫。

及工廠銷售進口的沉水泵浦（抽水機，台語俗稱「水龜」），由於工作繁瑣，規模又小，並沒有傳承和接班的想法，「爸爸覺得太辛苦了」廖芙瑳說。

政大企管系畢業後，廖芙瑳曾於西北航空和惠普電腦兩家外商公司擔任秘書，「早在一九八五年時就已經是週休二日，而且上下班不用打卡。」她強調，雖然當時工作條件優沃，但不捨父親獨自辛苦，她仍毅然決定回家幫忙。

孰料，一開始並沒有長期計畫的她，三個月就拿下鋼鐵廠百萬元的大訂單。回想當時，年方二十五歲的初生之犢，面對四位年齡加總有兩百歲的大廠主管，頭一回順利議價成功的經驗，也成為支撐她繼續下去的底氣。

想不到，短短三年的時間，父親就突然因心肌梗塞而撒手人寰，廖芙瑳只好一肩扛起父親的事業，於一九九〇年將原本的商號升等為公司，並更名為怡台企業。她以過往在外商的工作經驗，為公司重新建立表單、人事和管理制度，更一步步從申請進出口許可證、向銀行申請額度，建立庫存及基本的人員配置，開始涉入代理和投標業務。

考量傳統水泵毛利低，廖芙瑳順勢將代理產品轉型為適用於腐蝕性化學品、廢液、燃料、油、潤滑劑等的特化泵浦，代理產品可廣泛應用到鋼鐵、石化、水泥、造紙、核電、食品、藥品，甚至於特殊工業等。她白天透過電話開發向工廠爭取現場簡報的機會，辛苦走訪各大工業區，晚間還需要和國外原廠聯繫，有長達六、七年的時間，每日工作達十六個小時以上，「辛苦到不願回想」她搖著頭，彷彿想把那段時間的艱辛記憶甩開。

為了取得大訂單撐起公司，她積極參與專案的投標，並因此與另一半張國華結緣。張國華當時在日商原廠擔任主管職，曾與廖芙瑳參與同一件公家機關的競標案，廖芙瑳得標後，張國華仍積極爭取供貨的可能性，然而，廖芙瑳透過貿易商拿到更低的產品價格，雖然買賣不成，但兩人也因此相識，更進而相知相惜。

做為業界罕有的女性企業家，以及少有的國立大學畢業生，當時的廖芙瑳確實是引人注目的存在，「客戶喜歡關注老闆，比對產品還有興趣」她笑著說，張國華亦對此印象猶深：「泵浦業界都認識她」。

▲ 2023 年 E25 袁惠芳學姐暨零壹科技同仁來訪。

▲ 怡台員工聖誕節交換禮物。

▲ EMBA 海外研習，與喬治亞理工學院教授合影。

▲ 2024 年參與 EMBA 仕女會活動。

▲ 2024 年參與日月之光慈善事業，怡台捐贈高雄榮總 20 萬元。

感謝狀

APPRECIATION

高雄市政府社會局

怡台企業股份有限公司
贊助 112 年度慢飛天使兒童節活動
關懷發展遲緩及身心障礙兒童
熱心公益　嘉惠弱勢
謹致此狀　敬表謝忱

局長 謝琍琍

中華民國 112 年 3 月 31 日

▲怡台贊助慢飛天使兒童節活動。

▲ 2022 年泳渡日月潭，與張繼華學姐合影。

▲ 中山 EMBA 夜上海旗袍趴。

## 泵浦、傳動加工業貿易諮詢 產品多樣化成競爭利基

隨著台灣產業的發展，怡台的客戶也從早期的鋼鐵、化工廠延伸到電子、生技業。一九八〇年代電子業興起，其後政府推動將「環保5S」落實於工廠管理，開始要求改善現場的液體洩漏問題，關注於特化泵浦發展的怡台也開始引進當時業界最新、具無洩漏特點的無軸封泵浦；一九九四年張國華加入公司營運，在既有泵浦類產品外，再引進日、德大廠的動力傳動設備，怡台的「產品多樣化優勢」於是產生。「開始讓公司能擁有不同產業的客戶，平衡景氣循環。」張國華以高雄早期的鋼鐵廠與新設的半導體廠為例，不同時期由不同產業擔綱推動經濟的要角，正說明產品多樣化對於代理商的重要性。

朝「產品多樣化」發展也是怡台的競爭策略，不只可以擴大客群，也能增加合作機會，與客戶更加緊密的結合。如今，怡台企業的產品分為泵浦類、傳動類

和工業貿易諮詢三大主軸，目前代理的六大品牌都是業界賓士等級的品牌，像是全球最大的計量泵浦製造商 Milton Roy、台灣無軸封磁驅泵浦領導品牌 Assoma，已有百年歷史的日本 Tsubaki 鏈條及德國 Flender 動力設備等。

廖芙瑳一語中的：「拼價拼不過中國貨和印度貨」，做為為原廠開發市場及銷售產品的代表，怡台和原廠簽訂合約，載明權利義務，鎖定金字塔頂端的上市櫃公司，並策略性地提高自己的附加價值。

怡台曾經與更具規模的同業競爭代理權，他們了解原廠遴選代理商，在乎的是資金流、業務能力和人力配置，因此據以提出儲備足量的庫存，設立專職的技術經理、業務以及維修團隊的方案，為合作展現更大的誠意，也因此拿下這個全球市占率前三大品牌的代理權。

「每年都有品牌原廠來找我們，但是我們不一定會接」，廖芙瑳說明怡台選擇品牌的考量，在於是否能和現有產品互相搭配，並希望能儘量和現有客戶需求相符合，同時，經營理念是否一致也是重要考量因素。

▲ 與指導教授黃三益老師合影。

▲ 政大企管系 40 周年與導師司徒達賢教授及吳思華教授（前教育部長）同聚一堂。

▲ 2024 年同門三益堂大聚餐。

▲ 2024 年 5 月政大企管系同學會 40 周年。

▲ 第 19 屆戈壁挑戰賽終點揮舞大旗。

▲ 夫妻攜手挑戰戈 19。

▲ 2024 年 4 月生日慶生全家福。

▲ 2023 年中山 E 聯會星光大道活動。

廖芙瑳分析客戶選擇代理商的因素：「在顧客端，代理商競爭的是產品特殊性，還有誰的服務快、價值高、交期快」，她並分享曾經競標的一個化工專案，對手是世界第一大品牌的代理商，但因為該品牌代理商曾經與客戶發生糾紛，起因為代理商只堅持產品沒有問題，卻未協助客戶找出製程上可能導致問題發生的原因，而怡台有技術支援的口碑，最終順利拿下這個兩百萬美元的標案。

她也據以提出「切入特殊市場、建立安全庫存」的策略，「我們拿現金換庫存，再把庫存變應收帳款」，但這考驗著一家公司的資金架構，如現金流不夠，容易開天窗。廖芙瑳也非盲目囤貨，而是透過大數據及經驗累積，針對特定品項備妥庫存，讓客戶在叫貨三天內可以到貨，「現在倉庫有價值超過六千萬元的庫存」、「我們是故意要把客人寵壞」她笑著說。

## 專注售前售後附加價值
## 不打價格戰

由於泵浦需要全年無休運轉，採購上不僅需考量初置成本，節能及維護運轉的成本更是重要，廖芙瑳舉例，進口泵浦效率高，最直接的效益就是節能，一般同業要用一百五十馬力的馬達，怡台引進的泵浦則只要用一百二十馬力，一台泵浦可能五十萬到五百萬元不等，但光是電費一年可以省下數十萬到上百萬元，而這也是他們不打價格戰的底氣。

怡台觀察客戶端對售前與售後服務的需求，在售前會以三階段的服務，為客戶確保在購買機器後能順利使用的權益：首先，會由技術服務部門先協助進行規格的釐清與確認，以確保客戶買到對的東西，並且以對的方式使用；其次，怡台會提供試車服務，並在裝機前先協助查看管路；他們也會提供人員教育訓練，避免操作時發生錯誤。廖芙瑳進一步說明，雖然這售前的層層把關會增加人力成本，但泵浦是被動式的運轉，進入的流量與壓力是否充足很重要，為了防止既有管路設備的問題影響泵浦的正常運作，這些都是必要的。

針對售後服務，他們也成立工務技術部門，不只在保固期內提供即時的維修與校正服務，還會提供包含維修前後照片、故障因素分析、維修方式說明及測試結果詳細報告，並存檔以便隨時查閱，「公司保留一九九九年迄今的所有訂單原稿及維修資料」，這些都是代理商價值的具體呈現。他們也將朝實驗室認證方向努力，希望將數據資料連線CRM系統，透過智慧化數據發揮更大的效果。

## ERP、CRM加MIS形塑怡台軟實力

廖芙瑳非常以怡台原創的獎勵制度為傲，並經常與EMBA的同學們分享。幾經演變，如今怡台的獎勵制度有幾項特色，一是為提高同仁參與度，除業務之外，內勤及維修人員都有獎金；二是確保服務品質與同仁權益，只要拿到訂單，不等收到全款，就會先發一半的獎金，另一半則待執行完畢再發；三是鼓勵團隊

合作，先有團隊獎金，達標再發放個人獎金；四是為降低流動率，引進電子業的設計，在業績和年終獎金之外，每年五月還會發放年度紅利；第五是從實際的貢獻角度，會視所銷售產品的毛利率來決定獎金的發放。

最特別的就是上述的第五項，其中關鍵在於「公開透明的獎金制度」，怡台根據雲端大數據做為獎金計算的基礎，所有的金額都有銷售數字及毛利等細項做支撐，對公司的獲利貢獻一目瞭然，這是一般獨資的中小企業難以做到的，因為背後需要ＥＲＰ、ＣＲＭ系統的支援，以及經營者的決心才能達成。

怡台早在二〇〇七年就引進鼎新的ＥＲＰ、ＣＲＭ系統，廖芙瑳回想，當時公司僅十人規模，而系統建置要價數百萬元，鼎新也沒有銷售給貿易商的經驗，許多架構都是透過雙方一路磨合所建置的。系統上線後，怡台把每台設備的製造編號輸入ＣＲＭ系統，日後每一次的維修歷程也可以追蹤，並能夠據以分析可能導致故障的因素，提供更有效率的維修服務。

不只引進鼎新的ＥＲＰ、ＣＲＭ系統，怡台也聘請專責的資訊主管，透過大數據掌握客戶需求及簡化產品銷售的作業程序，這是一般中小企業在資安的防護上難有的規格。「因為曾經有切身之痛，所以願意投資。」廖芙瑳說。

原來，在系統建置之前，怡台曾是某知名品牌的南部代理商，但卻遭遇員工竊取資料自立門戶，導致當年度營業額損失數千萬元，他們評估裝一般的資安系統可能只要十餘萬元，但資料容易被竊取，才因此架構難以拷貝的鼎新系統。目前回頭看，這也是一筆正確的投資，十年後他們不只在同質性的市場獲得更高市占率品牌的代理權，更寶貴的是這十餘年來所建立的資料庫，顯然已成為怡台在市場上競爭的重要利基，而且隨著物換星移，如今倘若有新公司需要相同規格的系統，至少要花費上千萬元的預算才能建置。

一般企業在導入ERP和CRM系統的過程中，因為有許多執行面的繁瑣細節需要落實，常會因員工的反彈導致失敗，廖芙瑳回想：「過程中有三位科長、二位副理因而離職，但終因張總的堅持及執行力而順利導入。」，「員工難免會有惰性，張總會在週會時向同仁了解資料是否詳實輸入，到現在反而不用擔心員工異動，因為新進業務只要花一天時間，就能把十年的CRM資料看完，無縫接軌服務客戶」。

做為貿易商，怡台十分鼓勵同仁進修，特別是語言能力。廖芺瑳分享，公司代理六大品牌，每個品牌下產品繁多，如有研讀操作手冊的能力，將可避免許多問題，提供更加貼心的服務，而客戶也會願意對業務的貼心買單；另外，業務人員需要對人有熱情，自我管理及抗壓性也很重要，而產業和產品相關經驗兼備的「專案經理」也是業界十分需要的人才。

## 金融海嘯業績成長
## Covid-19 業績創新高

怡台的「產品多樣化」及「ERP和CRM系統的建置」有如打基本功，雖然業務同仁只有十位，但卻有超過三千家客戶，經常往來的也有逾千家，而景氣差時更能看出企業的底蘊，他們在金融海嘯時業績不減反增，營業額甚至在新冠肺炎疫情時創下新高。

以股票上市櫃公司為主要客戶來源，怡台經營的市場隨著台灣產業的發展而逐步擴展，從早期的鋼鐵、化工延伸至電子、生技業，如今電子業已成產業大宗，也是怡台客戶占比最高的產業，並於二〇一八年設立台南辦公室，二〇二〇年獲得台積電的供應商代碼（vender code），成為護國神山台積電長期的重要供應鏈夥伴。

怡台的公司產品多樣化，雖然傳產和傳統化工業曲線似呈衰退曲線，張國華卻看好半導體和光電產業正值向上的成長期和成熟期，並預估未來有十年的發展榮景，非常肯定台灣未來的市場，他更思考佈局新能源市場，將和原廠討論，預先開發產品在相關產業的新應用。

## 購地自建千坪廠房
## 體現永續經營承諾

談到創業過程中的貴人，廖芙瑳左思右想，居然是要歸功於早期在面試後拒絕到職的台大畢業生。她回想，在蓋千坪廠辨之前幾年，她親自進行公司的徵才面試，卻被一位台大畢業生放鴿子，對方給她的理由是覺得辦公室不夠氣派，「遇到不希望再發生的事，就會思考未來如何避免」，她把這個經驗放在心裡，彷彿給予她前進的動力，心想有朝一日自建廠房，能握有主動選擇人才的權力。

考量每年都有原廠及下游的廠商前來訪廠，徵才時應徵者也會比較工作環境的軟硬體條件，再加上設備測試、進廠維修都需要空間，怡台在二〇〇八年金融海嘯前後開始著手購地及自建廠房，新廠於二〇一〇年落成，「買地自建廠房，是我們對客戶、員工，以及對原廠展現的誠意及承諾。」

「整塊地是五千坪，我們和朋友一起買，分割了其中一千坪蓋廠」，怡台總部的廠辦由廖芙瑳花了兩年的時間主導設計和監造工作，她參考國外建案，在設計上將陽光、空氣、水納入考量，挑高並以落地窗讓整個空間與戶外的光線與綠色植物融為一體，大熱天使用電動窗遮擋日照，更有藝術品的陳設，充滿美感與品味。雖然強度和結構是建築應具備的基本條件，但將使用者的需求融入設計，則更需要用心、貼心與細心，「考量員工的上班時間長，希望工作場所能讓他們感到愉悅，並能有與有榮焉的優越感。」廖芙瑳分享她的規劃初衷。

位於現今高雄核心發展地區亞洲新灣區的大坪數廠辦，從購地迄今十六年間市值已經翻漲數倍，關於購地蓋廠的決策，「經常會有人問到，我們怎麼那麼有遠見」廖芙瑳笑著說。而她也從不居功地讓大家知道，張國華才是這個決策的推手，「他覺得要有前進的力量，負債就是前進的力量。」兩人更是互相搭配，張國華拍板購地條件後，廖芙瑳主導廠辦的空間規劃；當時，建築師發包給建商貼磚的外牆線條不整齊，廖芙瑳找上建築師堅決要求重做，「在品質上她決不妥協」張國華對此印象深刻。而這一棟已經十四年的建築物，至今外觀仍明亮大氣，整潔如新，不僅符合環保、自然、健康、舒適的綠建築概念，設計與建材都絲毫不遜於新蓋的建物。

## 夫妻同心向學
## 互相欣賞互相成就

從張國華加入公司營運迄今，兩人攜手同心建立三大產品線、建置ERP和CRM系統、拿下六大品牌代理權、購地自建千坪營運總部，公司的年營業額更從三千萬元成長到三億元以上。不諱言夫妻一起工作也常有想法不一致的地方需要磨合，但兩人眼中對彼此的欣賞和敬佩卻隱藏不住。

「說起對泵浦的專業，很少有人能比得過她，她對流體力學的概念很清楚，可以把相關的設計用很簡單的話語清楚說明，可以說是『化工泵浦達人』，我對泵浦的專業知識也是她教的。」張國華對於另一半的專業能力十分讚賞。

「張總十年如一日，一直都是最早到公司的人，同仁看在眼裡，對工作也會更積極。」在廖芙瑳眼中，張國華有不同於一般人的持續力，包括請同仁配合CRM系統的資料輸入，也是這持續力展現的成果。

兩人先後進入中山大學EMBA學習，張國華是E22屆的學長，廖芙瑳進入E25就讀，透過與許多各行各業的經營者一同學習，她看到先生的性格變得更溫暖，處理事情的方式也變得更加柔軟；由於大學時即是企管系本科，廖芙瑳對於學科的學習並不陌生，EMBA論文更以《中小企業數位系統整合之研究》為題，將怡台在數位系統整合的過程記錄下來並進行研究分析，為中小企業數位轉型面臨的具體問題，提供了理論和實證支持。

EMBA

## 那些EMBA教會我的事

- 在原廠遴選代理商，在乎的是資金流、業務能力和後勤支援人力配置的總體性，而非單一選項。如果不想被選擇，需要加高自身的護城河，掌握發球權，延伸自身的不可取代性。
- 在顧客端，供應商的價值在於誰的問題解決能力強，服務快、價值高、交期快。
- 代理商存在的價值，在於真正了解產品，把產品特性轉換成商品知識，然後傳達給客戶，讓客戶的應用達到最大效益及最高節能，創造三贏績效。
- 產品與市場的配適性，對一家公司存活度與競爭力攸關重大，市場分散性與產品多樣化，可減少公司因景氣循環更迭所產生的風險與危機，例如金融風暴或COVID事件。
- 企業數位化的過程，需要經營者（或主事者）最高的堅持，因為有許多執行的繁瑣細節要落實，常會因員工反彈而導致失敗，功虧一簣。

Dialog

# 與教授對話

中山大學資管系教授　黃三益

## 給客戶高價值的服務

廖芙瑳和她先生張國華都是中山EMBA的畢業生，張國華先於二〇一九年入學，應該是感受到中山EMBA的價值，接著廖芙瑳於二〇二三年入學，雖不同屆，但常一起參加活動，二〇二四年更是攜手一起赴甘肅參加戈壁挑戰賽，是同學和老師心中的模範夫妻。

廖芙瑳和張國華都是嚴謹和理性的人，「把事情做到好」應該是他們刻在骨子裡的本能，多年來廖芙瑳創設的怡台公司堅持做好代理國外優秀品牌的服務，穩札穩打的逐步從泵浦擴展到傳動設備和工業貿易諮詢，客戶也從早期的鋼鐵、化工延伸至電子、生技業。然而跟許多中小企業以壓縮成本為導向的作法不同，怡台在進行決策採取任一項作法時，更看重的是其帶來的價值。個人覺得他們的經營經驗，有三點值得我們學習：

**1.給客戶高價值的服務：**首先慎選代理的產品，以進口泵浦來說，要選擇高效率的產品，即便價格高，但帶來節能的效益，不僅長期來説省下的電費足以攤平成本，也符合現今ESG的潮流，更為大廠客戶所看重；其次會協助進行規格的釐清與確認，以確保客戶買到對的東西，並且以對的方式使用，和提供完善的售後服務；最後建立安全庫存，讓需要特定品項的客戶無需長期的等待。

**2.以數位化提高管理的價值：**公司很早就導入ERP、CRM和資安的數位系統，怡台的資訊人員不僅是部署和維護這些數位管理系統，也開發結合ERP和CRM的整合系統，我個人親眼看到這個系統，它讓各單位可以一眼看到自己業務相關的資料，也讓主管在自己的手機就能掌握公司的營運狀況。透過這些數位系統讓管理透明化，一方面方便決策，另一方面也減少同仁不必要的猜忌，數位化在COVID-19時就彰顯出效益。難能可貴的是，這些數位系統的建置花費並不高，主要是廖芙瑳和張國華決心要做，同仁們就會盡力找出務實的解決方案。

**3.重視員工的價值：**兩年前我有機會到他們位於亞洲新灣區的公司參觀，外觀好像是一棟別墅，除了辦公區有舒適的環境外，連廠房都是乾淨、整潔，東西放置井井有條，很不像是我們印象中泵浦工廠的樣子。此外獎金和紅利也不限於業代，其他角色的同仁也依其貢獻得到鼓勵，這也反應到怡台的低人員流動率，資訊人員願意自行開發系統，應該也跟這個獎勵制度有關。

這種提昇價值的理念，造就了怡台的成功，值得中小企業學習。

CONCERTO OF SUCCESS

智兆科技　董事長

# 許閔彬

「機會是實力的一部分。」

## 智兆科技董事長
## 許閔彬

現任：智兆科技企業有限公司董事長

學歷：國立中山大學 EMBA、義守大學工業管理系、正修工專機械科

證照：泰山職訓冷凍空調師資培訓班畢業、冷凍空調乙級技術士、勞工安全甲種業務主管證照、鏟裝機證照、挖土機證照

專長：企業管理、客製化無塵室

*Profile*

# Chapter 5

# 創建兩億無塵室王國
# 上市櫃龍頭指名合作

由人潮川流不息的左營高鐵站出發，沿著西部濱海公路台十七線奔馳疾行，不到十分鐘就轉進交流道，迅速抵達緊鄰楠梓科技產業園區的「智兆科技企業有限公司」。下了車，率先映入眼簾的是外觀大器宏偉的透天厝建築，大門上方由英文字母Z串聯而成的藍色企業LOGO，造型看起來獨特又吸睛，創立迄今，台積電綠色供應鏈的勝一化工、封測大廠日月光半導體、光寶電子等知名上市櫃客戶皆指名打造客製化無塵室，每年營業額突破兩億元，業界有口皆碑，讓智兆科技成為推動台灣高科技業躍登國際要角的幕後功臣。

造就此番耀眼表現的企業掌舵者，正是現任智兆科技創辦人暨董事長許閔彬，當年投入一百萬元創業，和太太胼手胝足埋頭打拼、帶領全體員工組成超強團隊，將智兆科技從無到有、打造成如今的卓越企業。

## 沒有富爸爸撐腰
## 靠自己成為「富一代」

創業好成績絕非偶然，沒有富爸爸撐腰、不是富二代的他，這一路走來，靠的全是一步一腳印苦幹實幹、憑藉赤手空拳打下江山，奠定自己成為「富一代」。然而，旁人恐怕難以想像，看起來總是樂觀、笑容開朗的許閔彬，小時候曾經歷過因父親經商失敗、債台高築，光求學時代就搬過六次家的顛沛流離生活。回首成長之路，從小在高雄土生土長的他笑著說，自己其實是老家在澎湖縣湖西鄉龍門村的「大海之子」，念舊惜情的他，至今仍都會返鄉探望澎湖親友。

▲高雄日本人學校捐助。

▲行銷學曾光華教授，蒞臨智兆公司及傳授經驗。

感謝状

智兆科技企業有限公司 殿

貴殿は高雄日本人学校に深い理解を示され学習活動の充実に向けた取組を推進するため児童生徒用の机及び椅子を購入する寄付金を提供されました
このことは本校の教育の振興に大きく寄与するものであります
よってそのご厚意に対しここに深く感謝の意を表します

令和五年十二月二十一日
高雄日本人学校
校長 堀山知基

▲ 感謝狀—高雄日本人學校捐助。

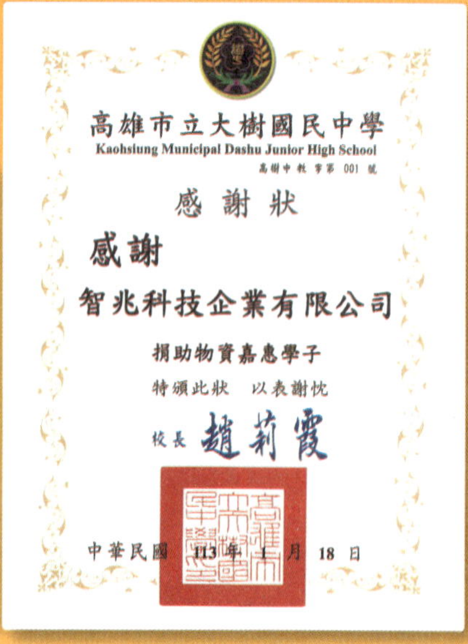

高雄市立大樹國民中學
Kaohsiung Municipal Dashu Junior High School
高樹中教 字第 001 號

感謝狀

感謝
智兆科技企業有限公司
捐助物資嘉惠學子
特頒此狀 以表謝忱
校長 趙莉霞

中華民國 113 年 1 月 18 日

▲感謝狀—大樹國中捐助。

▲中正大學 EMBA 執行長曾光華教授及 E25 學長姐蒞臨公司指導。

▲任 112 屆翠屏國中小學家長會會長，於就職典禮致詞。

▲員工旅遊澎湖之旅。

▲ 112 屆翠屏國中小學家長會會長就職典禮。

「為了討生活，我的父親早在十六、七歲時，就從澎湖飄洋過海來到台灣奮鬥。」說起話來還帶有些許澎湖鄉音腔調、給人一股親切感的許閔彬談到，自己在家中排行老三，上有兩個姐姐、下有一個妹妹，家中可說是食指浩繁，從小就看著父親辛勤工作、養活一家人，也讓身為家中唯一男孩的他，個性比別人來得早熟、懂事。當同年紀孩子正在下課後開心玩樂時，性格獨立的他從國中一年級開始，就出外打工賺錢，如瓦斯罐裝工廠、搬運板模到工地，企圖減輕父母的經濟負擔。

許閔彬有感而發談到，父親早年經營散裝貨輪的外銷運送航業，母親則在家專心照顧小孩，一家六口原本過著安穩生活，沒想到在他念小學二年級時，父親因公司營運遭受牽累、導致苦心經營的事業一夕化為烏有，即使變賣家產，也償還不了如天文數字般的龐大債務，但性格良善正直的父親和母親，並沒有因此擺爛、跑路，反而是彎下腰來懇求債權人給予償還債務的時間，結果清償債款就延續十幾年。

許閔彬說，為了對債權人負責，原本是員工口中「頭家、頭家娘」的父母親，放下姿態、努力還債，不管是任何小本生意都認真經營，從路邊攤、水果攤、飲料店到經營文具行、熱炒店等，幾乎全年無休地工作，他和二姐及妹妹也利用寒暑假打工賺錢付學費，大姊更為了分擔家庭債務，高職畢業後選擇不唸大學就出社會工作，為的就是能早日將債務還清。

## 顛沛生活磨練
## 激發愈挫愈勇意志

「當時全家人幾乎每隔一段時間就要搬家，直到三阿姨鄭紀深雪好心收留、將房子借我們住，生活才逐漸穩定下來。」回首那些年四處租屋的還債生涯，儘管日子不好過，但許閔彬語氣裡沒有絲毫怨懟與不滿，反而衷心感謝那段困頓生活帶來的磨練，令他激發愈挫愈勇的意志，讓全家人團結一心，如同佛教所說的

▲在女兒就讀的翠屏國民中小學擔任家長會長，與學校一同推動榮譽早餐。

▲親自為孩子們送上榮譽早餐。

▲翠屏國中國三會考祝福活動合影。

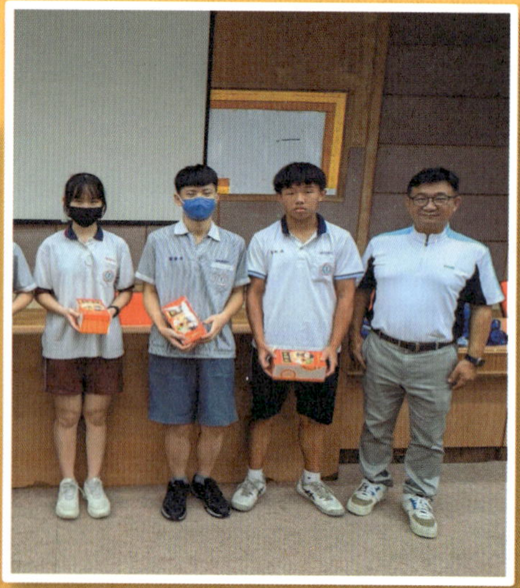

▲翠屏國中國三會考祝福活動，與表現優異的同學合影。

▲翠屏國民中小學第四屆翠屏盃迷你馬拉松比賽合影。

▲翠屏國小萬聖節活動。

▲參加中山陽光社會關懷協會慢飛天使兒童節活動。

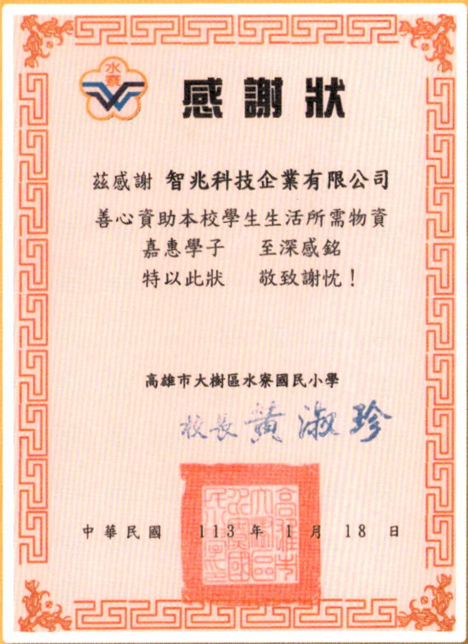

感謝狀

茲感謝 智兆科技企業有限公司
善心資助本校學生生活所需物資
嘉惠學子　至深感銘
特以此狀　敬致謝忱！

高雄市大樹區水寮國民小學
校長 黃淑珍

中華民國 113 年 1 月 18 日

▲感謝狀—大樹水寮國小資助。

「逆增上緣」，不順遂的因緣反而會激起人的潛在力量、勇於突破逆境。

儘管年紀輕輕就幫忙家計，但認真學習的許閔彬，並沒有因此荒廢學業。他表示，國中畢業後原本計畫去念高雄海專，打算將來選擇討海跑船、多賺點錢讓家人過好日子。但身為過來人的父親，深知討海人艱辛，捨不得兒子踏入這行業，為讓他打消念頭，父親還特別帶著許閔彬搭船，體驗「出海的滋味」。

「我只記得不諳水性的我，在船上吐得七葷八素，幾乎連站都站不穩。」許閔彬微笑著說，回想起這段經歷仍記憶猶新，也讓當時的他改變想法，決定轉攻讀正修工專機械科，畢業後還考上新北市泰山職訓冷凍空調師資培訓班，順利拿到冷凍空調乙級技術士師資證照，具有在高職教書的資格。

不過，原本計畫在北部尋覓教職的許閔彬，卻因為順從大姊期盼「不希望離家太遠」，毅然決定回到高雄工作，靠著在校學到的流體力學、鋼構力學、熱力學等專業能力，順利在長頂工程公司找到第一份工作、擔任監造工程師。入業界後，為了增進專業需求，再次考上義守大學工業管理系，就讀夜間部課程。

## 踏實性格受賞識 成為老闆「左膀右臂」

許閔彬腳踏實地的打拼性格，讓他一進公司不久就受主管賞識與重用，不僅持續提升專業，考取「勞工安全甲種業務主管證照」、「鏟裝機證照」、「挖土機證照」等多張專業證照、表現有目共睹，更從監造工程師一路晉升為組長、主任、經理、副總經理、總經理，成為深受長頂工程負責人沈榮興器重的「左膀右臂」。

不過，旁人看似順風順水的背後，其實在他三十七歲那年，曾發生一樁被許閔彬視為「職涯重大挫折」的事件，甚至因此讓他感慨地流下了男兒淚。

許閔彬回憶，當時他任職於工程部的業務經理，正好某家知名光電公司要在台中進行消防灑水、空調風管工程，由於廠商競標者眾多，以及中間仲介人的「不

Kaohsiung Veterans General Hospital
高雄榮民總醫院

感謝狀

親愛的許閔彬先生，衷心感謝您慷慨捐輸，成就了社會的大愛及高雄榮總的進步，謹贈此狀，敬表謝忱。

上善若水，澤被萬物

院長 陳金順

中華民國一一三年五月十四日

▲感謝狀—高雄榮民總醫院。

▲高雄榮總捐贈。

社團法人高雄市中山陽光社會關懷協會

聘任書

敦聘

許閔彬先生

擔任

社團法人高雄市

中山陽光社會關懷協會顧問

自民國 112 年 12 月 09 日起至

民國 113 年 12 月 31 日止。

理事長 羅勝豐

中華民國 112 年 12 月 09 日

▲聘任書—中山陽光社會關懷協會顧問。

▲和家人一起到觀音山健行。

▲智兆科技喬遷之喜。

▲與敬愛的老婆莊玉虹夫人同遊日本。

▲和 E25 學長姐一同登上合歡山主峰。

懷好意」，加上自己當下不夠謹慎，一心想著趕快搶到客戶訂單，而不慎誤判管線尺寸與工程規模，導致原本總經費兩千萬元的工程，為了趕如期驗收不違約，必須額外投入兩百名人力連夜加班，最後總共花費四千多萬元才完工，結果公司不僅沒賺錢，還倒貼了兩千多萬元。

「我當下簽完約後，就知道這注定是筆賠錢生意，卻只能硬著頭皮做下去。」許閔彬談到，從台中開車返回高雄的途中，他忍不住邊開車邊流淚，深深體會到商場如戰場般的爾虞我詐，心裡更忐忑不安、糾結著不知該如何啟齒向老闆解釋，自己竟成交了一筆賠錢生意。

沒想到沈榮興得知事情原委後，不但沒有責罵他，反而告訴他「人生從哪裡跌倒，就從哪裡站起來！」老闆一番話讓許閔彬感動之餘，也就此痛定思痛，提醒自己絕不能再重蹈覆轍。

就像老一輩人常說的「打斷手骨顛倒勇」，經歷過這場被許閔彬視為入行以來最大挫折的事件後，也讓他學會更謹慎面對每筆訂單、每個環節，整個人脫胎換骨，變得更為成熟、穩重，甚至還因此在心中逐漸醞釀出創業夢。

「沈榮興先生可說是引領我踏進無塵室領域的職涯貴人，不僅讓我學有專精，後來更鼓勵我開創自身事業。」許閔彬談到，在長頂工程服務了近三十年時間，一路走來很感謝老闆提攜及栽培，不只給自己機會成長，還願意讓利讓他在公司內部創業，運用公司資金及人脈資源持續深耕市場，正因有沈先生的給力，讓自己得以一步一腳印豐滿羽翼、累積實力。

## 打造無塵室從無到有
## 練就十八般武藝

所謂千里之行始於足下，在長頂蹲了多年馬步，不只讓許閔彬基本功很扎實，在公司磨練與深耕下，也讓他專業與管理能力日益精進，並練就企業經營所需的十八般武藝，不僅具有將無塵室從無到有的規劃能力，從空間繪圖到管線設計、溫度濕度等環境設計也都能一手包辦。

四十四歲那年，許閔彬女兒出生，為了有彈性時間多陪陪孩子長大，不希望像之前那樣由於經常飛大陸、菲律賓等地出差，而錯失兩個兒子成長時光，長思深考後決定自立門戶開公司。

許閔彬談到，早年忙於事業，沒有太多心力投入家庭，決定創業時，他和老婆打趣道自己是「倦鳥歸巢」，要將人生下半場時光回歸家人身上，同時亦冀望和老婆胼手胝足、開疆闢土打天下。

或許是身體裡流著大海之子的血液，許閔彬與生俱來有著澎湖人的踏實和開創性格。於是，他以一百萬元作為基金，把住家當成創業基地，和妻子莊玉虹兩人，從家裡一張書桌開始，就正式踏上「智兆科技企業有限公司」創業路，展現以小蝦米之姿對抗大鯊魚的鬥志。

然而，萬事起頭難，創業並沒有旁人想像中的容易。回首箇中滋味，許閔彬坦言，公司剛成立前半年根本沒接到任何案子，為不讓另一半擔心，也為了向老婆證明自己是能文能武的一條好漢，他仍每天勤勤懇懇跑業務、拜訪客戶；半年後才終於接到公司第一個案子，但不是打造無塵室，而是幫華泰電子公司的老廠房拆除舊廁所，預算僅有六萬六千元。

儘管扣掉人力、時間等成本，這案子幾乎沒賺頭，但對從小苦過來的許閔彬來說，無論案子大小，只要有客戶上門，他都會傾全力去做、使命必達；日復一日，全心投入，累了就在公司打盹，短暫休息一下又繼續全力衝刺，就如同智兆科技的藍色企業LOGO、宛如蜂窩外型的「雙Z」設計，亦象徵著智兆科技發展潛能無限大的雄心壯志。

回溯至今，身為摩羯座的許閔彬笑著說，或許是深知成功沒有捷徑，只有努力拚搏才有機會贏，加上追求完美的不服輸性格使然，他通常只要一投入工作就心無旁騖、廢寢忘食，別人每天工作八小時，他則是一天恨不得能工作十六小時，把一人當兩人用，或許就是這種超越他人的勤奮，讓智兆科技被業界看見、陸續收到委託客製化無塵室的大廠訂單。

舉凡台積電綠色供應鏈清洗液材料指定公司之一的台灣老牌化工廠「勝一化工」，就委託智兆科技打造實驗型無塵室，以進行化工產品奈米分析。許閔彬接到訂單後，立刻帶領團隊全力以赴，花兩個多月就順利完工，好品質讓客戶讚不絕口，至今勝一化工仍持續委託智兆科技統籌規劃，也是智兆科技長期的優質客戶。

而說起「無塵室」三個字，相信多數人腦海中浮現的畫面，應是半導體大廠工程師穿著無塵衣，在一塵不染空間裡專注製作高科技晶圓。事實上，不只半導體製造，包含生技醫療、大學實驗室等領域亦需要設立無塵室，才能確保品質；就連疫情期間不可或缺的酒精產業，也得仰賴無塵室生產出純淨、無汙染的殺菌酒精。在多元產業剛性需求下，也讓「無塵室」產值跟著水漲船高。

以「無塵室工程市場的競爭策略分析」作為中山大學EMBA碩士論文的許閔彬分析，無塵室的起源最早可追溯到十九世紀末，一開始是應用在醫院內，當時主要用來防止病人在進行外科手術時受到周遭環境感染。隨著科技和工業發展一日千里，如今無塵室已成為半導體業、藥廠等行業不可或缺的設備。

## 持續創新態度
## 業績蒸蒸日上

許閔彬舉晶圓製造產業為例，一般人肉眼看不見的微小粒子或汙染物，都會對晶圓這種高精密科技產品帶來負面影響，導致不良率提高。因此，無塵室會透過空氣過濾、氣流控制等措施的多管齊下，將空氣中的微粒或揚塵降到最低，以維持高度乾淨的良好環境。在科技與時俱進下，也讓無塵室機電統包設計和施工技術持續創新，應用範圍更從半導體製造、醫療器具生產到生物技術、食品加工等多元領域都涵蓋其中。

日本企業經營之神稻盛和夫強調：「熱情是成功之鑰」，滿懷壯志的許閔彬，正是仰賴精益求精、持續創新的熱情態度，讓業績蒸蒸日上，使智兆科技在短短幾年內就從業界嶄露頭角、做出一番成績來，像是之前配合帆宣科技共同替南茂科技興建了兩億元左右的大型無塵室，從此業績可說是一路長紅，舉凡許多喊得出名號的知名上市櫃公司，包括國際封測大廠日月光半導體、南美特科技、南茂科技、光寶電子、住華科技、華新科技、台灣日東、帆宣科技、勝一化工、長興化工、醫強生技等，都是智兆科技長年耕耘的客戶。

有目共睹的好成績，令人好奇許閔彬是如何帶領團隊邁向卓越？所謂「時勢造英雄」，除了搭上這波日益火紅的科技業浪潮外，其實早在創業之初，他就已為智兆科技研擬了三個十年計畫，過程就如同古人所說的「兵馬未動，糧草先行」，他相信凡事都必須事先規劃、才能掌握成功契機。

許閔彬形容公司成立的第一個十年是「堆沙計畫」，就像打造沙堡般必須先進行堆沙、將基礎打穩，第二個十年則是「沙雕計畫」，需經過細心雕琢、打造出公司專業特色，第三個十年則是循序漸進完成獨樹一格的沙堡作品。

## 以奇美許文龍為典範
## 公司分紅員工共享

將人才視為企業最大資產的許閔彬，不只重視員工的誠信，更把他們當家人來對待，利用創業第一個十年投入資源積極培訓員工，除定期舉辦公司內部教育訓練，激發團隊創新能量，還常舉辦員工旅遊，和大家一同出遊「搏感情」。

此外，以奇美集團創辦人許文龍為企業典範的許閔彬，十分欣賞許文龍「讓利與共享」的企業管理方式，他說就像知名動畫《航海王》的主角魯夫，想要航向偉大的夢想旅程，光靠一個人划槳是划不動的，必須同心協力才能揚起風帆、全速前進。

因此，他效法許文龍讓大家都能釣到魚的「釣魚理論」，每年大方拿出公司營業額的百分之一作為分紅獎金，希望透過「共享哲學」讓團隊有福同享，透過完善體制與資源培養一流員工、打造一流公司。由於真誠相待的用心態度，也造就智兆科技員工的高度凝聚力，至今仍有不少員工都是當初一路跟隨許閔彬到現在、資歷長達十餘年的資深員工，大夥感情就像家人般融洽。

而隨著公司邁入第二個十年的沙雕階段，許閔彬則在幾年前選擇去攻讀中山大學ＥＭＢＡ來幫助自己成長。他笑著說，原本只是希望透過進修加強經營管理能力，沒想到收穫遠比自己預期的還要多，還結交一群良師益友、成為人生一大樂事。

## ＥＭＢＡ如知識寶庫 教授各有專精

「中山大學ＥＭＢＡ就像是一個知識含金量爆炸的人生寶庫，讓人猶如入寶山般、收穫滿滿。」在ＥＭＢＡ擔任高爾夫球社社長、在班上十分活躍、廣結善緣的許閔彬笑著說，無論是課堂教授的專業智慧，還是學長姐企業經營理念的分享，都令他如醍醐灌頂般功力大增，彼此間的友好情誼更體現「中山人、一家人」的團結精神。

許閔彬談到，對企業管理者來說，中山大學的專業師資可說是引領創新思考的最佳良師，每位老師都有自己的專業領域讓人學習。像是自己的論文指導老師吳基逞教授專精的個體經濟分析、賽局理論管理等專業知識，就對了解經濟脈絡與未來發展趨勢很有助益；黃明新教授在數位行銷、品牌管理、通路管理、顧客關係管理專業領域的３Ｃ理論，則幫助企業主更懂得掌握品牌行銷秘訣與維持良好客戶關係。此外，林豪傑執行長傳授的策略管理良方，像是動態競爭與合作、企業團隊經營等，亦是讓經營者有所思、有所得，很多想法都能找到與其相對應的管理學理論。

除了有良師在課業上的引導，讓人在ＥＭＢＡ邏輯思維系統化訓練下，對公司未來發展與目標愈加了然於胸，還因此結交許多惺惺相惜的知心好友，班上學長姐的臥虎藏龍，以及同儕間的相互激勵，像是華友聯財務長林紹祥學長對於財務上的專業解說及幫助、大吉汽車蔡昆憲學長對於專業人力供應鏈的讓利、繼鋒企業楊重慶學長、宏錡電信蔡昀峻學長、輝成企業吳育德學長的異業結盟，亦讓許閔彬受益良多，吸收許多創新思維。

## 感謝太太相互扶持 心中最佳人生伴侶

除了把學長姐當成人生至交來看待，一談起最親愛的家人，許閔彬更展現鐵漢柔情的一面。「打從第一眼看到太太，我就對她一見鍾情！」許閔彬笑著說，自己當年在聯誼活動上見到太太時，就對氣質出眾的她印象深刻，鼓起勇氣追求，第一次約會就是去壽山動物園，一般人會覺得不夠浪漫，但幸好太太喜歡自己樸實的厚道性格，兩人結婚迄今即將邁入二十五年個年頭，他一路走來始終感謝另一半的相知相惜與相互扶持，不僅是人生伴侶，也是一起為公司打拼的創業夥伴；

長男許致禎在太太的良好教育下，前往英國攻讀企業管理學位，未來計畫進公司接班，次男許致瑋亦是受家人疼惜的暖男，並以工程製圖專業在公司內部把關品質。一家五口的幸福生活，令他一直很慶幸，人生如此，夫復何求。

不只對朋友、家人真心付出，許閔彬重情重義的一面，亦體現在投入社會公益的慈善行動上，除了定期捐款給社福團體、關懷獨居長輩外，他還曾認購五百顆慈濟功德會的愛心粽子，幫助土耳其地震災民。他有感而發表示，小時候因為父親經商失敗、導致家中經濟困窘，一路走來受到許多人的善心幫忙，讓他對弱勢者的生活處境更能將心比心，誓言一旦有能力付出時，就要懂得貢獻己力、回饋社會，對他來說這也是「善循環」的理念。

展望未來，早已擘劃好公司藍圖的許閔彬說，正所謂一個人走得快，但一群人走得遠，對於智兆科技的第三個十年，他期望朝永續經營目標邁進，透過擴大企業資金與人脈，帶領全體團隊攜手為公司開創更崇高、更長遠的新格局。

EMBA

## 那些EMBA教會我的事

- 古諺「兵馬未動，糧草先行」，凡事都必須事先規劃、才能掌握成功契機。
- 企業成立第一個十年是「堆沙計畫」，就像打造沙堡必須先將基礎打穩，第二個十年則是「沙雕計畫」，打造出專業特色，第三個十年則是循序漸進完成獨樹一格的沙堡作品。
- 佛教的「逆增上緣」，強調不順遂的因緣，反而會激起人的潛在力量、勇於突破逆境。
- 採用「釣魚理論」，每年大方拿出公司營業額百分之一作為分紅獎金，透過「共享哲學」讓團隊有福同享，培養一流員工。
- 日本企業經營之神稻盛和夫強調「熱情是成功之鑰」，唯有持續創新的熱情，才能讓業績蒸蒸日上。

Dialog

# 與教授對話

中山大學財管系教授　王昭文

## 現代企業家精神最佳詮釋

帶著澎湖鄉音腔調與親切感的許閔彬學長，看起來總是樂觀開朗，他的奮鬥歷程不僅是一段逆境中堅韌成長的故事，也展示出企業家如何實踐管理哲學的典範，蘊含豐富的人生智慧和啟示。這個故事融合了逆境成長、遠見卓識的戰略規劃、對團隊的承諾與社會責任感，生動詮釋了現代企業家精神。

年少時，由於家境艱辛，他早早開始打工以減輕家庭負擔，培養出強大的抗壓力與責任心，並將佛教中的「逆增上緣」觀點化為成長動力。父親事業遭遇困難，他肩負家計，自國中起便外出工作，這些經歷磨練出他面對困境的韌性，使他在未來創業路上可以從容應對挑戰，在挫折中屹立不搖，充分體現了逆境中成長的力量。

許閔彬學長在戰略規劃上提出「三個十年計畫」，以「堆沙」、「沙雕」和「沙堡」為階段，逐步推動企業發展，從穩固基礎到塑造專業，再到形成獨特市場定位，展現了他卓越的長遠視野，為智兆科技的穩定成長奠定了基石。他本著「熱情是成功之鑰」的精神，秉持精益求精、持續創新的態度，使智兆科技在業界嶄露頭角，業績蒸蒸日上。智兆科技的客戶涵蓋日月光半導體、南美特、光寶電子、住華科技、華新科技、台灣日東等知名上市櫃公司，無塵室技術受到各大企業青睞，充分展現其在市場中的穩定地位與卓越口碑。

許閔彬學長以「共享哲學」作為管理核心，效法許文龍的「釣魚理論」，每年撥出營收的百分之一作為分紅，與員工共享成果，以增強團隊的凝聚力和歸屬感。他深信企業成功來自全體員工的共同努力，這種人本管理模式不僅強化了智兆科技的內部穩定，亦讓企業在激烈市場中脫穎而出，體現共享與信任原則的重要性。此外，他對社會的責任感體現在其「善循環」理念上。他不僅定期參與公益活動，還積極關懷弱勢群體，以實際行動履行社會責任，彰顯企業家的社會良知。

許閔彬學長的故事展現了逆境中的毅力、卓越的戰略眼光、以人為本的管理思維及對社會的承擔，為現代管理學提供了具體而生動的學習範本，亦是現代企業家精神的最佳詮釋。

CONCERTO OF SUCCESS

## 「與人為善，厚德載物。」

### 大吉汽車總經理
## 蔡昆憲

現任：大吉汽車企業股份有限公司總經理

學歷：國立中山大學 EMBA、靜宜大學國際企業學系

經歷：台灣區車體工業同業公會常務監事、高雄市旅行社同業公會顧問、高雄直轄市遊覽車公會常務理事、高雄市進出口公會理事、兩岸車輛認證委員會委員

專長：多角化市場經營、品牌行銷管理、跨域合作

獎項：第六屆高雄市十大傑出市民獎、第四十四屆創業楷模

*Profile*

Chapter 6

# VOLVO亞洲獨家授權合作夥伴 站穩台灣大客車龍頭

被譽為二十世紀最偉大美國詩人弗羅斯特曾說：「只有勇往直前，才能找到出路！」對蔡昆憲來說亦是如此，身為企業第二代，他很明白經營企業光靠努力守成仍不夠，還必須勇於開創，才能為老品牌挹注新活水。

深耕台灣半世紀的大吉汽車，在二代接班總經理蔡昆憲力推轉型、用心深耕下，不僅躍升瑞典知名品牌VOLVO在台灣唯一授權的車體製造商，更立足國際、成功攻下南韓雙層巴士九成市占率，讓大吉汽車躍登國際舞台，站穩台灣大客車第一品牌龍頭寶座。

## 高速公路通車
## 迎來國道客運黃金時代

然而，一開始要推動傳統車體製造業的變革並不容易，這就猶如「一個人穿著衣服改衣服」，除要邊做邊改，還要懂得審時度勢、掌握產業發展情勢，才能助企業走向創新、在市場占有一席之地。

回想這段企業接班與轉型之路，點滴在心頭的蔡昆憲細數一路走來的心路歷程。他談到，老家其實是在嘉義布袋，但自小在高雄出生長大，家裡共有四個孩子，身為老大的他是唯一的兒子，下面還有三個妹妹。父親創業得早，在一九七六年就創立了大吉汽車前身「大有車體」，但創業第二年，父親原本共同創業的夥伴卻另有生涯規劃，打算拆夥另起爐灶，於是父親和母親就一同承接公司經營的重任，胼手胝足為事業打拼。

當時適逢十大建設，高速公路甫於一九七八年通車不久，加上台灣經濟起飛、

▲拜訪高雄與陳其邁市長合影。

▲與總統賴清德合照。

▲榮獲第 44 屆創業楷模並接受蔡英文總統接見。

▲與立法院長韓國瑜合照。

▲參加韓國仁川雙層巴士開幕典禮。

▲富邦悍將新車。

▲與韓國仁川觀光局長一起搭乘體驗雙層巴士。

▲雄獅集團新車。

百業正興，隨著國道運輸與旅遊需求大增，不只帶動旅遊大巴士產業蓬勃發展，也讓父親打響自家公司名號、車體訂單如雪片般飛來。

「記得讀高中前，全家人都是住在工廠裡，工廠就是我們的家。」蔡昆憲笑著說，當時每天在樓上都能聽到樓下廠房敲敲打打的忙碌聲響，自己更是從還在念小學時期，就已經開始「當童工」，左手拿漆桶、右手握著油漆刷為車體上防鏽漆，由於漆完後就會有零用錢可拿，因此不覺辛苦，反而還會鼓舞其他同學一起來幫忙。

## 打工經驗五花八門
## 大二就賺進百萬元

而從小在工廠裡長大的蔡昆憲，也在環境的耳濡目染下，大學聯考時決定攻讀靜宜大學國際貿易學系（現更名為國際企業學系），並從大學時就開始打工賺取生活費，不僅當過旅館櫃檯人員，見過形形色色的住宿旅客，還推銷過信用卡、開過早餐店，甚至在大二時就賺到人生第一筆百萬元，令同學、老師聽了都佩服不已。

談到如何在大學時就攢到第一桶金，蔡昆憲笑著說這是機緣加上勇氣的結果。當時他在電話訪問公司打工，客戶為開拓國內剛起步的手機市場，須先測試手機通訊訊號，為此必須有人挨家挨戶登門拜訪、測試訊號是否穩定。

「當時我可說是第一個拿著折疊手機進入民眾家裡、檢測通訊訊號的人。」蔡昆憲說，自己那時每天騎機車在台中大街小巷穿梭，進入民眾家中測試訊號，也因此讓他看到各種人生百態，像是有舞女被黑道大哥包養，卻不敢逃跑，也曾遇過每天在家工作就能月入百萬元的研發工程師。

二十多年前手機還不普及，蔡昆憲看準手機將大行其道的趨勢，聰明地將族群鎖定喜愛追求新事物的學生市場，他大膽向公司提議，可結合銀行信用卡來賣手機，讓學生申請台中商業銀行信用卡，以刷卡分期付款方式、購買NOKIA當時推出的手機一二九九九元申購方案。沒想到大受學生歡迎，首批就成功賣出

▲台灣觀光巴士新車。

▲ 2017 年台灣 Volvo Buses 團隊拜訪花蓮客運合影。

▲與星宇航空董事長張國煒合影。

▲第一輛在韓國上路試營運的雙層巴士。

▲參加 Volvo 原廠菲律賓新品發表會合影。

▲高雄雙層巴士開幕典禮與 Volvo 原廠總經理合影。

▲參加 Volvo 原廠亞洲區銷售會議合影。

▲拜訪日本 HATO BUS 雙層巴士團隊。

六千支手機，不僅為銀行擴展信用卡業務，也提升手機銷量，創造雙贏成果，更因此讓他大學時就賺進百萬元，優秀生意頭腦由此可見。

## 獲貴人面授機宜
## 提早思考企業經營之道

回憶起求學時期這段五花八門的打工生涯，蔡昆憲說這不但是他難忘的工讀記憶，更是幫助自己日後遇到挫折時能愈挫愈勇的關鍵之一，而當中影響最深刻的就是在台中福華飯店的打工經歷，也因緣際會遇見他生命中第一位貴人、時任飯店經理的孫先生。

蔡昆憲談到，身為主管的孫先生不僅將飯店打理得有聲有色，更常面授機宜、和自己分享企業管理策略，他常說「把員工擺在對的位置很重要，鎖定營運目標後就要全力以赴，才能事半功倍。」

在孫先生提點下，不只讓年紀輕輕的他有機會思考企業經營之道，蔡昆憲吃苦耐勞、應變能力佳的亮眼表現，更讓他在福華打工時深受主管青睞，飯店高層甚至還打算送他去日本培訓進修，希望拉攏他成為福華體系一份子。不過，當時他已下定決心回家繼承父業，即使機會難得，也只能婉拒高層好意。

所謂「英雄出少年」，但要成就英雄之名絕非易事，背後靠的是「實打實」的拚搏與積累。對年僅二十三歲就克紹箕裘的蔡昆憲來說，接班之路本身就是一連串考驗，首個挑戰就是如何管理這群每位都比自己資深、從早年就跟著父親共同打拼的「開國元老」。

## 以工廠為家
## 每天工作逾二十小時

為展現自己能獨當一面的能力，擁有鋼鐵意志的蔡昆憲，打從接班那一刻起，

▲啟德重機交車及致贈小模型車合影。

▲參加第 17 屆金炬獎頒獎典禮領獎。

▲參加 SWAROVSKI 120 週年活動。

▲參加 Volvo 原廠新加坡電動巴士發表會。

▲ 2018 年前往北韓市場考察。

▲與 EMBA 恩師吳基逞教授合影。

▲全家福。

▲ 和太太一起去看楓葉。

前四年每天工作長達二十一小時，累了就睡在工廠裡，幾乎天天過著以工廠為家的生活。

為深入了解大客車製程每個眉角，他從製作流程基礎開始學起，白天跟著老師傅做工蹲馬步、全心全力投入，靠著身體力行讓自己和資深員工「搏感情」，同時把老師傅教的技術與步驟照片一一拍下來，在照片上記錄說明文字，編輯成自己獨有的「武功秘笈」，一步一腳印練就基本功，讓自己如同「一塊海綿」般，努力吸取產業知識與技能。經年累月下來，不僅讓他對大巴士製程瞭若指掌，更藉此以全方位思考來擬訂經營策略、提高生產效率與產品質量。

蔡昆憲有感而發談到，父親為人海派、性格敦厚，早年做生意通常都是大客車生產出來，在還沒付清款項前，就先交車給客戶去跑車，導致有時會發生尾款收不回來、帳務不清等情況。此外，發生於二〇〇六年的梅嶺大客車翻車事故，導致車上二十二人罹難、二十四人輕重傷的重大事故，更成為父親創業以來的最大危機。

他表示，翻車事故發生後，政府要求大客車要開設天窗，以確保乘客安全，這項規定讓公司當時已快要生產完成的三十台大客車，一度因差點來不及加裝天窗、無法符合法規領車牌上路而變成廢鐵，若以一台巴士八百萬元售價來計算，等同於公司一夕間就遭受超過兩億元的鉅額損失，恐大幅影響公司整體營運。

## 建立完善財管制度
## 首創為外包廠商每年調薪

如同老一輩人常說的「人是英雄，錢是膽！」蔡昆憲很清楚要讓公司長久營運，健全管理模式與財務機制乃箇中關鍵，才不會因現金周轉不過來而危及公司生存。為此，他接班後當務之急就是建立一套完善財管制度，除與客戶約法三章，訂好一手交錢、一手交車規則，還針對公司全體員工進行生產力調查、調整既有薪資結構，並首創為外包廠商員工每年調薪百分之二，不僅讓員工一片叫好，工作起來也更賣力。

此外，他還首開業界先例，邀請退休員工重返公司擔任品管顧問，透過經驗傳承穩定產品製造品質；透過多管齊下方式，讓大吉汽車建立良好的QC（Quality Control）品質控管機制，確保每件產品出廠前都達到客戶滿意的標準。

以「安全、品質、服務」為經營理念的大吉汽車，除致力提升車體產能，還貼心提供完善售後服務，除遍布全台的四大服務廠以及十七間特約維修廠外，還為每位客戶規劃交車前與交車後的完整教育課程，幫助客戶了解車輛性能、操作方式及基礎維修等知識；並成立「LINE群組服務」，讓客戶可透過手機拍下車體狀況照片及影片，提出車輛異常或維修問題，由大吉汽車團隊提供即時車況回覆與修理進度追蹤，讓客戶安心。

## 鼓勵創新文化
## 助員工搖身產品設計師

除了滿足客戶需求外，對蔡昆憲來說，員工亦是重要資產，因此積極安排培訓，同時為讓公司保持創新動能，大吉汽車也推出獎勵創新措施，鼓勵員工思考產品創新之道，以及協助考取專業證照。例如大客車保險桿除了要耐磨耐撞外，也要具備美感思維，只要員工有設計出創新產品就能獲得公司分紅，日積月累下來也逐漸在公司形成追求創新的能量與企業氛圍，幫助每位員工從鐵工搖身為「產品設計師」。

蔡昆憲還鼓勵員工的孩子利用寒、暑假期間來公司觀摩，培養未來對大客車產業有認知與興趣的人才，以因應少子化趨勢帶來的缺工問題，為公司提前培養新世代員工，這些策略也成為大吉汽車能鎖定產業市場的重要優勢。

但是，光這樣做還不夠，為讓大吉汽車在競爭激烈的車業市場中搶得先機，蔡昆憲開始長思深考改變契機，在一位老客戶啟發下，激發他萌生希望找一個具知名度與公信力的國際大廠合作，來全心全力打造出大吉汽車令人眼睛一亮的品牌特色，而這樣的想法也開啟他日後與VOLVO車廠合作之路，推動企業順利轉型。

然而，一間本土車廠要如何獲得國際大廠青睞呢？俗話說「天助自助者」，二〇一三年，原本就常飛往國外考察國際市場的蔡昆憲，在機緣下認識當時任職於VOLVO車廠、後來晉升為亞太區總經理的貴人Jeremy Knight。理念相近的兩人不僅一拍即合，蔡昆憲更在Jeremy Knight幫忙下到歐洲、澳洲等國際車展觀摩，並拜訪當地相關業者，深入了解VOLVO大廠在全球的營運模式。

## 強強聯手
## 帶動大客車邁向精品化

透過這場「海外見習之旅」，不僅讓蔡昆憲有了更多想法，更藉此奠定了大吉與VOLVO合作敲門磚，讓大吉汽車得以成為全球年銷售輛逾十萬台巴士、知名品牌 VOLVO 在台灣唯一授權與原廠技術轉移的大客車車體製造公司。

正如同 VOLVO 訴求的品牌精神「安全、品質、環保」，蔡昆憲也將這樣的核心價值導入大客車製程中。走進位於高雄廠區的大吉汽車生產線，映入眼簾的除了整齊寬闊的偌大空間外，還有井然有序的製作流程，從車體成型、板金蒙皮、噴漆等一連串嚴謹工序，每個步驟都是由專業技師全神貫注打造、絲毫不馬虎，藉此為大客車製程打造 SOP 標準化作業程序，並取得國家安全法規品質認證。

對品質的堅持，也造就有口皆碑的品牌名聲。透過大吉汽車與 VOLVO 組成「強強聯手」的巴士台灣團隊，不僅將大吉汽車從傳統的大客車鐵工廠化身為「巴士工藝師」，注入工藝美學內涵，更成為帶動大客車邁向精品化的市場先驅。二〇一五年，大吉汽車與 VOLVO 以及知名品牌施華洛世奇（SWAROVSKI）跨界合作，由技師投入兩個月時間手工打磨、貼上閃亮亮的高級水鑽，打造出全球第一輛、造價達三千萬元的「水晶巴士」，首次展出就轟動武林、驚動萬教，不只展現大吉汽車精湛工藝，甚至還進一步開發出水鑽杯架、方向盤等周邊產品、驚豔高端客戶。

## 勇往向前
## 才能找到出路

正是這種「全心投入、專注做好每件事」的堅持，讓蔡昆憲能帶領大吉汽車，在競爭激烈市場中脫穎而出、稱霸群雄。因此儘管已順利成為VOLVO在亞洲區唯一授權的車體製造商，但他仍持續為大吉開拓國際市場，並將觸角延伸至被同行視為深具挑戰性的南韓海外市場。

為取得南韓客戶認同，蔡昆憲親自率領六位技術高超的技師組成團隊，前進南韓開疆闢土。由於南韓地處高緯度，到了冬天可說是天寒地凍，氣溫甚至可到零下一、二十度，蔡昆憲與技師們不惜冒著酷寒低溫，在南韓工廠裡專注為每輛車體檢測與維修，即使雙手因天氣太冷而凍傷也不輕言放棄，以客為尊、服務至上的專業態度，就連向來排他性強烈的南韓客戶看了也深受感動，也因此讓大吉汽車成功打進南韓市場，成為當地雙層巴士的跨國合作夥伴。

孰料，天有不測風雲，二〇二〇年因病毒蔓延導致新冠肺炎疫情席捲全球，不只對各行各業造成影響，更重創觀光業與大客車業者，在疫情高峰之際，不只旅行社沒生意做，就連汽車、巴士業者也受波及，業績少了六、七成，全球各車廠只能宣布暫時停工，讓眾多業者叫苦連天。

## 化危機為轉機
## 推出全台首輛「雙層餐車」

談起疫情對產業的衝擊，讓公司能順利挺過新冠疫情危機的蔡昆憲仍記憶猶新，在他眼中危機就是轉機，就如同他最欣賞的運動員、被譽為「籃球之神」的麥可．喬丹，總是能在比賽最後時刻投出關鍵一球，成功逆轉勝，他沒有選擇在疫情停下腳步，而是持續強化員工教育訓練，並想方設法透過異業結盟走出一條活路，像是與晶華酒店等業者攜手推出全台第一輛「雙層餐車」，讓無法出國的民眾也能享受搭車遊覽沿途風光、同時品嚐美味特製餐點，剛推出不久就大受好評，也藉此推動大客車觀光業的復甦。

而看準因疫情興起的戶外露營風潮，蔡昆憲還趁勢推出客製化露營車，依客戶需求打造每台售價逾百萬元的專屬露營車，在疫情期間成功售出八十多台露營車；像他工廠裡就停放了一台以日本和風為設計主題、獨樹一格的露營車，包括收納桌、榻榻米坐墊、浴室廚房等設施一應俱全，走進其中還能聞到撲鼻而來的木頭清香味呢！

## 從陸地到海洋
## 打造客製化遊艇

不僅如此，身為台灣車體製造業領導品牌，大吉汽車多年來也因應不同產業需求製作各種客製車體，產品十分多元，包括雄獅旅行社遊覽車、雄獅鳴日號高級巴士、長庚醫院交通車、興南客運公車、星宇航空交通車、台鋼雄鷹棒球隊交通車、苗栗縣政府復康巴士、H會館飯店接駁巴士、雙十國慶花車、各級學校專用車、商務型旅遊車、水庫纜車、KTV車等，舉凡客戶需要的車體，都能放心交由大吉汽車量身打造。

就如同高速公路剛開闢時，是大客車的黃金年代，這幾年隨著海禁開放，使愈來愈多民眾想要親近大海，因此大吉汽車近年也開始切入遊艇業，從生產「馬路上奔馳」的大客車，進一步打造能在「大海裡航行」的客製化遊艇，好品質深受肯定。

像是先前為響應國艦國造政策，大吉汽車就投入一組員工，純鋼骨結構打造出重達四十噸、外型超擬真的「安平艦」，在國慶遊行車隊中對外展示，顯現出大吉汽車不只專精於陸地車體製造，也能製造海洋船體的高超技藝。

## 視王永慶為 Role Model<br>打破既有營運框架

回首來時路，向來實事求是、未雨綢繆的蔡昆憲忍不住笑說，就像古人說的「先天下之憂而憂，後天下之樂而樂」，即使目前公司業績已經很穩定，他仍然每天在思考，萬一哪天又有重大天災發生或疫情捲土重來該如何因應，藉此幫助企業防患於未然。蔡昆憲認為成功是機運加上努力與累積，但他強調所謂的機運，並非天上掉下來的禮物，而是不斷嘗試、不畫地自限所開創出來的綜合體。

擁有勇於創新的開創性格，就如同被他視為人生 Role Model 的「台灣經營之神——王永慶」，蔡昆憲除了在企業管理上腳踏實地，更懂得打破既有框架、挑戰跨域合作，為打響台灣品牌之名而全力以赴。而這樣的態度亦讓蔡昆憲在經營之路不斷精進，在百忙中抽空重返校園進修，報考國立中山大學 EMBA 在職專班。

## 中山ＥＭＢＡ匯聚各方豪傑
## 感謝教授醍醐灌頂

「匯聚了各方豪傑的中山ＥＭＢＡ就像是企業武林般，讓人有機會向高手學習、練就一身武藝。」蔡昆憲笑著說，每位學長姐都是令人敬佩的學習對象，都有自己獨到的經營心法，尤其教授的學有專精更讓人獲益良多，像是曾光華教授在課堂上分享的行銷管理學等相關研究，就讓他更懂得掌握行銷眉角；吳基逞教授專長的賽局理論則影響自己十分深刻，對他在思考企業管理策略很有幫助，並在其專業指導下，完成以「客製化車廂組裝的未來趨勢及市場研究」為主題的碩士班論文。

蔡昆憲表示，ＥＭＢＡ就讀期間，在教授們醍醐灌頂下，除讓他提升邏輯分析與創新思考等能力，還和學長姐成為知心好友，不僅常分享企業管理甘苦與論點，更會相約打球、聚會，成為相互勉勵的人生好夥伴。此外，他還從進修過程中體會到做生意就是資源分配，要讓努力的人可以獲得資源，也要將資源分配給需要的人，這亦是投入公益慈善的重要性。

「施比受更有福」，蔡昆憲相信想遇到貴人相助，就要讓自己有機會成為別人的貴人，如同武俠小說《天龍八部》的主角一樣，除要像喬峰一樣，有顆勇於嘗試的心，也要像段譽般擁有樂於助人的良善特質，去做能發揮正能量的事，才能帶動社會善循環，讓台灣愈來愈好。

曾榮獲第六屆高雄市十大傑出市民獎、第四十四屆創業楷模的蔡昆憲，對工作不只擁有高度熱情，更深具遠見。展望未來，蔡昆憲表示，隨著人工智慧與ESG浪潮崛起，傳統產業也須努力站在風口浪尖上，才能迎風破浪、往前邁進，他計畫將目前的車體開發設計導入AI模式與3D技術等新興科技，希望在明年底前，將原本大客車四個月的製程時間縮短為兩個半月，把節省下來的人力成本與工廠空間，作為未來多角化市場經營利基，帶領大吉汽車為產業闖出新藍海，繼續邁向下一個五十年。

EMBA

## 那些EMBA教會我的事

- 要讓公司長久營運，健全管理模式與財務機制是關鍵，避免因現金周轉不靈而危及公司生存。
- 成立「LINE群組服務」，讓客戶可透過手機拍下照片或影片，提出維修問題，由企業團隊提供即時回覆與進度追蹤，讓客戶安心。
- 把員工擺在對的位置很重要，鎖定營運目標後就要全力以赴，才能事半功倍。
- 除了在企業管理上腳踏實地，更要懂得打破既有框架、挑戰跨域合作，打響品牌之名。
- 成功是機運加上努力與累積，但機運並非天上掉下來的禮物，而是不斷嘗試、不畫地自限所開創出來的綜合體。

## 與教授對話

中山大學公事所教授　吳偉寧

### 唯有不斷變革才能持續發展

在一同參與二〇二四年高雄在地職業棒球隊台鋼雄鷹的開幕戰後，蔡昆憲總經理與我的交流自然而然地從運動延伸到經營管理。作為我在EMBA籃球社的隊友，蔡昆憲在團隊中扮演著關鍵角色。他擅於觀察場上局勢，精準傳球並協助戰術執行，展現了優秀的團隊合作精神、責任感、情緒管理能力和領導力。這樣的運動互動能真實反映出一個人的性格特質，也讓我對他有了更深的了解。

蔡昆憲以創新思維和務實經營，使大吉汽車成為台灣大客車製造業的領導者，並成功取得VOLVO在亞洲的獨家授權。作為企業第二代經營者，他深知守成無法持久，唯有不斷變革才能持續發展，這正與管理學大師杜拉克（Peter Drucker）在《管理的實踐》中所說的「企業唯一持續的優勢就是創新」相契合。蔡昆憲的管理策略可以歸納為以下四個要點，特別值得學習：

**1. 務實領導與穩健管理**

自接任總經理以來，蔡昆憲始終秉持務實的經營理念，親自參與生產的每個環節，與資深員工一同奮鬥，深入了解每個細節。他連續四年每天工作超過二十小時，這種親力親為的態度不僅讓他對企業運作瞭如指掌，也在員工間建立了深厚的信任關係。這正如格蘭特（Adam Grant）在《給予：華頓商學院最啟發人心的一堂課》（Give and Take）書中強調的，管理者應該處理好人事與勞資關係，並建立互信的工作環境，以應對未來挑戰。

**2. 創新合作與國際化拓展**

曾長期擔任通用汽車總裁的史隆（Alfred P. Sloan）曾說：「在全球化環境中，與領先品牌的合作是提升競爭力的關鍵。」蔡昆憲強調，企業要保持優勢，必須持續創新和尋求國際合作機會。二〇一三年，他促成與VOLVO的合作，使大吉汽車成為亞洲唯一獲得VOLVO授權的車體製造公司，顯著提升企業的品牌形象與競爭力。他成功導入VOLVO的核心價值，如「安全、品質、環保」，並學習其管理模式，確保生產品質符合國際標準。

### 3. 培育創新文化與人才發展

蔡昆憲深知，員工是企業的關鍵資產，因此積極推動員工培訓與創新激勵措施，營造追求創新的企業氛圍。他設立獎勵機制，激發員工在產品設計上的創意，並提供支持，使許多技術工人成長為「產品設計師」，成功促進了企業內部的創新文化。這與布朗（Brené Brown）在《召喚勇氣》（Dare to Lead）中提出的「勇氣文化」理念相符，即領導者應該創造一個讓員工有信心嘗試新想法的環境。此外，他讓員工的孩子在寒暑假期間來公司觀摩，提前了解產業，為未來的人才需求提供支持。

### 4. 企業敏捷力與永續發展

蔡昆憲不僅重視國內市場的穩固，也積極開拓海外市場。他親自帶領團隊前往南韓，克服當地嚴寒氣候，成功獲得南韓客戶的認可，成為雙層巴士的主要供應商。在二〇二〇年新冠疫情期間，他展現出靈活應對與敏捷管理的能力，推出了一系列創新產品，包括與晶華酒店合作的「雙層餐車」，以及針對日益流行的露營潮流打造的客製化露營車。此外，他積極計劃引入AI和3D技術來提升生產效率，同時推動ESG（環境、社會與治理）實踐，確保企業穩步走在科技創新與永續發展的前線。這種靈活應變的能力，正如塔雷伯

（Nassim Taleb）在《反脆弱》（Antifragile）書中所言，「組織不僅需要靈活應變，還應該在壓力和變化中變得更強。」

蔡昆憲的務實經營、創新思維、人才培育及敏捷管理，展現了他作為領導者的策略、遠見與執行力。這些管理重點不僅奠定了大吉汽車的永續發展基礎，也鞏固了企業在市場中的領導地位。他同時秉持「施比受更有福」的信念，積極投入公益事業，帶動社會良性循環，實踐企業社會責任的精神。

CONCERTO OF SUCCESS

「不經一番寒徹骨，焉得梅花撲鼻香。」

京司實業董事長

**羅勝豐**

現任：京司實業股份有限公司董事長、台灣諾得有限公司副總經理

學歷：國立中山大學 EMBA

經歷：京司實業負責人、台灣諾得副總經理、諾得淨水南區分公司負責人

專長：業務推廣、商品研發及行銷

*Profile*

# Chapter 7

# 榮獲美國發明專利 諾得淨水再創高峰

原本是漁船少東，因父親的生意失敗，肩負起家族的重任，接手龐大負債與家計。靠著一路打拼，羅勝豐憑藉堅毅意志和不懈努力，搖身為京司實業股份有限公司負責人及台灣諾得有限公司副總經理，兼諾得淨水南區分公司負責人，從一人創業到至今結合北中南五個據點共七十多名員工，業務蒸蒸日上，全國營業額突破億元，成功翻轉人生，堪稱創業者楷模。

羅勝豐所屬的諾得淨水公司自成立以來，持續追求卓越與創新，於二〇一七年榮獲美國 PENTAIR 頒發的最佳夥伴獎，象徵在業界所建立的深厚信賴與合作關係。隨後在二〇一九年，也榮獲台北市政府頒發的優良商號獎，肯定了他們在經營品質與服務的卓越表現。不僅如此，新竹縣政府於二〇二三年及二〇二四年連續兩年頒發熱心教育慷慨捐資獎狀，彰顯企業對教育的投入與對社會責任的承擔。

## 從負債到品牌
## 家庭異變轉換跑道

羅勝豐談及事業發展時，雖然常以經營淨水設備自我介紹，但實際上，廚房設備才是他心中最重要的核心業務。一九八九年退伍後，第一份工作是擔任事務機器維修工程師，其後由於工科背景和對技術工作的熱愛，也因家庭異變；他轉換跑道，進入薪水較高的一家專業進口的廚房設備公司，擔任維修工程師，主要服務於速食店的商用廚房設備。

▲ 2019 年荷蘭阿姆斯特丹 RAI 國際會展中心看展。

▲ 2014 年東京台場國際展覽館協助廠商參展。

▲高雄展覽館建材展參展。

▲台北南港展覽館建材展參展。

▲拜訪高雄市社會局。

▲ 2012 年廣州交易會琶州展覽館。

▲諾得淨水 25 周年慶感恩餐會。

▲與諾得淨水老闆許文泉台北公司合影。

當時，台灣的服務業蓬勃發展，便利商店和速食連鎖店如雨後春筍般湧現，他頻繁為這些店鋪安裝咖啡機、製冰機等設備，這段經歷為他打下了商用廚房設備的堅實基礎。後來，在公司的鼓勵下他轉到業務部，得益於之前在工程維修方面的經驗，能夠迅速協助客戶解決問題，使業績節節上升。不久後，靠實力被提升為南部主管，然而，隨著泡沫經濟的影響，建商倒閉風潮湧現，公司也難逃影響，最終面臨困境。

羅勝豐被迫自立門戶，選擇在南部成立自己的公司，專注於進口代理家用廚房設備。創業初期，由於資金和人力不足，他依賴中部經銷商的資源經營，被同行稱為「跑單幫」。然而，隨著經營規模的擴大，逐步拓展了產品線，從進口水槽和水龍頭開始，逐漸導入高品質的歐化廚具和家用嵌入式家電系列。

經過幾年的努力，公司的業績取得了顯著提升，擴大規模，也增加多位員工。然而，二〇〇六年的一場市場競爭教訓，使他體認到，僅僅依賴價格策略是不夠的，並開始調整經營模式，重視產品差異化和風險管控。

## 與全球領先淨水品牌合作
## 進駐各大百貨公司

二〇〇八年，羅勝豐正式註冊了自有品牌「Kingsgreen 京司石葉」，並開始設計自己的水龍頭產品。融合義大利美學和德國實用性的設計理念，成功開發了一系列具備競爭力的自有品牌產品，並藉此進一步拓展市場。同年，延伸產品線至淨水設備，並與工廠合作，開發了台灣首款數位式廚下型冷熱飲水機，成功打開了淨水設備市場。

在淨水設備市場的發展過程中，他不斷進行產品創新，推出了具有差異化的RO純水機，並與知名品牌諾得淨水合作，取得了南部的獨家銷售權。隨著市場需求的變化，不僅專注於家用飲水設備，還逐漸進入全屋軟水和商用淨水設備領域，產品的多樣性進一步增強了競爭力。由於起家的廚房設備加上淨水設備都屬廚房重心，從此羅勝豐結合廚具和淨水，和同事夥伴們一路打拼，將這兩個領域

▲中山陽光社會關懷協會新春送暖家扶中心圓夢獎學金。

▲與高雄市社會局舉辦慢飛天使歡慶兒童節活動。

▲愛心公益壘球賽。

▲高雄市廚具商業同業公會接任常務監事。

▲當選中山陽光社會關懷協會第六屆理事長。

▲慈善音樂會代表中山陽光社會關懷協會接受感謝狀。

▲ EMBA 學長姐蒞臨台南公司參訪 。

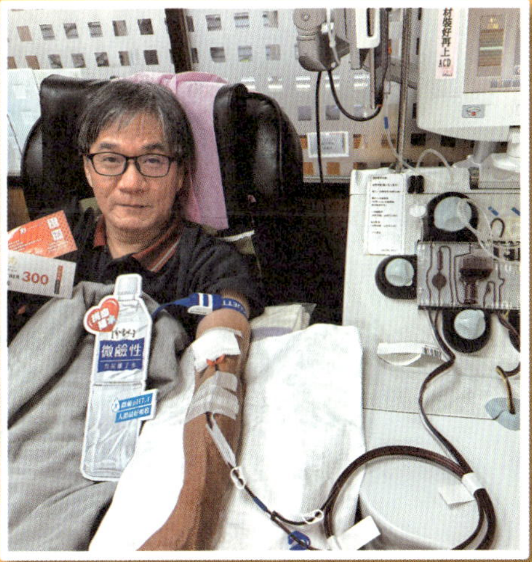


▲捐血做公益。

的員工人數倍增到七十人，一同受訓推廣業務、壯大企業規模。

其後，他又於二〇一六年與全球領先的全屋淨水設備品牌合作，拓展家用和商用淨水市場；二〇二三年與培芝家電結盟，進駐各大百貨公司，進一步擴充銷售管道。隨著產品線的不斷豐富，在傳統B2B和B2C經銷模式的基礎上，也開始思考如何將B2C模式有效融合，以更接近消費者，實現市場的雙向發展。

展望未來，他計劃在二〇二四至二〇二五年自設工廠，生產飲用水濾芯及淨水設備，並以全球市場為目標，與國際品牌合作，實現企業的長遠發展。憑藉「優質淨水設備、專業技術團隊、全方位服務」的經營理念，將持續為顧客提供最佳的消費體驗，讓產品成為消費者最信賴的選擇。

羅勝豐回顧當年會走上創業之路，父親的沉重債務如晴天霹靂，然而，責任感重的他，不能消極，憑藉堅定的毅力，從推銷廚房配件做起，從銷售到安裝、再到售後服務，每一個環節都親力親為，無怨無悔地承擔著所有的重任。那段時光，家與工廠幾乎合而為一，生活的艱辛讓他「吃苦如吃補」。

所幸，他身邊有一位與他並肩奮戰的妻子，以及懂事乖巧的子女，成為他奮鬥的支柱與動力。如今的成就，不僅僅是他個人的光輝，更是對家庭的承諾與愛的實現。因此，羅勝豐對一路走來的辛酸與付出滿懷感恩，倍加珍惜。這一切的成功，皆是他用汗水與堅韌換來的寶貴成果。

## 幸遇貴人、事業飛昇 諾得淨水榮獲美國專利

南台灣的艷陽天，總能讓人揮汗如雨，給人質樸誠懇良好印象的羅勝豐，創業時不怕日曬雨淋，挨家拜訪客戶，從廚房水槽、水龍頭、流理檯的安裝，鉅細靡遺　獲得顧客好口碑。由於客源絡繹不絕，他招收員工，一步一腳印，慢慢拓展廚房用品規模。

不過，讓他公司得以快速成長，主要是遇到貴人。羅勝豐回憶，這段歷程充滿

▲與指導老師黃明新教授、王昭文教授與鄭安授教授及學長姐們在中山大學 EMBA 中心合影。

▲與台北班學長姐合影。

▲ EMBA25 慢跑社。

▲連續兩年參加 EMBA 馬拉松接力賽。

▲ 2023 年高雄墾丁鐵馬迎新。

▲ 2023 年 EMBA 環島鐵馬論劍。

▲全家福。

▲ 2024 年高雄墾丁鐵馬迎新。

了機遇與努力。廚房設備是十分競爭的行業，利潤微薄，認識諾得淨水許文泉老闆，對他事業是一項大轉折，因為加入諾得淨水，以服務為核心，秉持著「共同創造價值」的理念，不斷透過與客戶的互動，進而整體帶動產品與服務的提昇。

人體百分之七十是水，無疑喝好水對人體健康極為重要。而許文泉不僅在初期讓羅勝豐入股，且幫助他在南部逐步建立起事業基礎，當公司業績逐漸顯現增長時，他再次伸出援手，邀請他參與台北台灣諾得有限公司的股權投資。這一舉措使他能順利打開北部市場的入口，並且讓他正式成為諾得淨水的南部分公司負責人，這樣的合作與整合，不僅擴大了市場佈局，也推動了公司在全國的業務拓展。

羅勝豐說，這段成長歷程中，最關鍵的推動力是員工們的努力。他們以無比的韌性應對市場的變化，運用正確的策略，使公司逐步從南北兩地拓展至全國。目前，在全國擁有五家分公司，年營業額已突破億元大關。為了應對不斷增長的市場需求，也在新北工業區設立了飲用水設備工廠，為公司未來的發展打下更堅實的基礎。

羅勝豐一直抱持，專業能力是成功的基石，做事業，無論何事，都必須親力親為，深度掌握知識與技能，不能一味依賴他人。回想當初，自已已習慣一手包辦所有事務，從商品採購、設計理念到品質把關，無一不親自操刀。這讓他學會如何面對挑戰並解決問題，也因此奠定了今日的成功。

羅勝豐說，令人欣慰的是，公司於二〇二三年取得了美國發明專利證書，這是全體同仁多年來努力不懈追求技術創新、力求進步的結果。這項榮譽，見證了公司對專業品質與社會責任的堅持。

## 風暴歷練、誠信為本 危機為師、卓越前行

有任何給想創業年輕人的啟發？羅勝豐回想創業初期的日子，資金匱乏，人手不足，也未註冊公司，勞健保和發票都是借用中部經銷商朋友的公司。「一人

公司」，孤身奮戰；他認為，年輕人要創業，首先必需要耐得住吃苦，更重要是對自已要有信心，腳踏實地去努力，必將收穫甜美果實。

創業維艱，每一次的挫折，都是他生命中的一部分。羅勝豐說，這些經歷，讓他變得更加堅強和篤定，他願將這些經歷與感悟，分享給更多懷抱夢想的創業者。希望他們能從中汲取力量，少走彎路，早日實現自己的夢想。「在這條充滿挑戰的路上，我們都是追夢人，風雨兼程，無怨無悔。」

創業難免遇風險，羅勝豐說在他事業穩定時，由於野心勃勃，因此和建商簽訂大筆訂單，未料二〇〇六年，原物料價格如同狂風暴雨般飛漲，讓他經歷人生中的第一場驚心動魄的「風暴」，也讓他陷入破產深淵。當時，他彷彿一艘漂浮於狂浪中的小舟，四周波濤洶湧，一度讓他不知所措。然而，最後為了信守承諾和聲譽，他決定借錢完成這項工程，雖然這是虧本的生意，但他寧願承受巨大的損失，也不願損害自己的誠信。

這次慘痛的教訓如一道深刻的烙印，讓羅勝豐在往後的商業合作中更加謹慎，面對每一份合約、每一個條款都絲毫不敢大意。同時，這次風暴也讓他培養了強烈的危機意識，讓他深刻領會到市場的風險。正是這段經歷，他坦言：「這場危機成為我事業中一位嚴厲而珍貴的良師，讓我在後來的商業旅程中更加順利，再未有過虧損的情況。」

每當他遇到挫折時，支撐他堅持下去的，是他深愛的家人。「我們曾經共度艱難歲月，靠著認真和用心經營，這些挫折不過是人生的小波浪，無法動搖我們的決心。生活總是要繼續，明天醒來，我們將重新出發，迎接新的挑戰。」家人的支援和不屈不撓的精神，讓他在每一次困境中，都能勇敢面對，奮力前行。

## 穩健經營、貴人指引
## 冷靜思考、追夢不懼

談到經營事業的理念，羅勝豐謙虛的說：「或許我顯得有些保守，追求的是一種穩健的進取，先求守成，再圖發展，這並非因為缺乏勇氣，而是因為我深知經營之道的艱難與險惡，在我手頭沒有足夠資金時，我不敢貿然擴大規模，我寧願走得穩一些、慢一些，也不願冒太大的風險，這讓我能夠更好地控制風險，保持穩定的發展。」

創業之路，如同一場浪漫的冒險。在這場冒險中，有困難，有挑戰，也有無數的感動和收穫。貴人們（客戶）的出現，是命運的恩賜，有時他們無理要求，羅勝豐克服了客戶的需求，讓他感到創業之路更加動人。「無論前路如何，我都將帶著這些珍貴的回憶，繼續追尋我的夢想。」

## 效法黃仁勳的勇氣
## 創業堅持誠實與夢想

談到欣賞的創業家，羅勝豐說，星宇航空董事長張國煒，無疑是一個值得深思的例子。或許有人會質疑他的成功歸功於家庭背景，認為他是「靠爸」的典型代表，「但我卻看到了一個不一樣的張國煒」。他欣賞張國煒能誠實面對自己的優勢，毫不掩飾地承認靠父親的財產起步，還會自己駕駛飛機，不因自己是富二代而止步不前，而是選擇將這份資源轉化為對國家和社會的回饋。「他的坦誠與真摯，讓我深感佩服。相比之下，我在創業過程中並沒有這樣的助力，但如果有，我也會毫不猶豫地藉助這份力量，勇敢前行」。

羅勝豐認為，要創業除了自身的努力，他也深刻體會到貴人相助的重要性。正如ＡＩ教父黃仁勳，他不僅具備了獨特的遠見與堅持不懈的精神，更幸運地遇見了台積電的張忠謀。這段相遇，成為了他在科技領域大放異彩的關鍵。黃仁勳的成功，讓他明白，創業不僅需要個人的智慧與毅力，更需要在對的時間遇見對的人。

記得曾有一個夜晚，疲憊不堪的羅勝豐，在辦公室裡翻閱黃仁勳的故事，他的經歷彷彿一道耀眼的光芒，穿透了他內心的黑暗。在那一刻，他感受到一股無形的力量，那是對夢想的堅定信念和不屈不撓的勇氣，黃仁勳的每一步，都在告訴他，只要心懷夢想，無論前方多麼艱難，都要堅持下去。

## 企業經營成功之道

## 探索茶道心境

羅勝豐說，在企業經營方面，目前的產業面臨許多挑戰，但透過中山大學EMBA課程和同學們的分享，讓他獲得了許多寶貴的靈感。創業之路，是一條充滿未知與挑戰的道路，每一個成功的企業家，都有著屬於自己的故事與堅持。在這條路上，我們或許會遇見無數次的挫折與困難，但只要永不放棄，勇敢前行，就一定能夠在風雨中找到屬於自己的彩虹。

羅勝豐不諱言，他曾嘗試投資和經營其他領域的業務，如衛浴瓷器和廚具五金配件等，然而，瓷器產品易碎、成本高，而五金配件市場競爭激烈、利潤微薄，最後他在淨水濾材獲利，公司也正計劃和國外廠商合作生產濾材。

為了保持創新動能，公司採取了讓優秀員工入股的措施，這不僅激發了員工的創新熱情，還大大提升了公司的業績，展望未來，他有著明確的短、中、長期發展計劃。短期內，將改良產品，推出感應式控制面板；中期計劃是拓展海外市場，特別是在荷蘭參展，包括設計師展和建材展；長期則著重於品牌形象的經營。此外，他重視與客戶的互動，致力於創造良好的口碑，這對產品銷售會有顯著的促進作用。

在繁忙的工作之餘，他心中藏有一片清靜的天地，那便是收集茶壺。「每當我輕輕拭去茶壺上的塵埃，端詳它們優雅的曲線與古樸的紋理，彷彿置身於古老的茶道世界。這不僅是一種放鬆的方式，更成為我與客戶之間的橋樑。每一次與客戶談論茶道與茶壺的美妙，都能讓我們心靈相契，信任之情油然而生。」

## EMBA學習之旅
## 微笑啟發人生智慧

在學習的旅途中，他秉持一個簡單而深刻的祕訣：時時保持微笑。微笑無聲，卻有著無限的力量，能在無形中拉近人與人之間的距離，傳遞真誠與友善，這對於創業者尤為重要，因為成功的基石之一，便是牢固的人際關係。

決定攻讀中山大學EMBA，源於好友許文泉的啟發與鼓勵，讓他得以開闊視野，汲取豐富的知識。「回顧EMBA學習旅程，不僅讓我提升了管理能力，也深深改變了我的人生觀。許文泉是我生命中最重要的一位貴人，他在清大EMBA的學習經驗和成就，成為我追求進修的動力來源。」

這段求學經歷，既挑戰又充滿機遇，也讓他的人生第一次有參加騎腳踏車環島的經驗。騎車的過程中他也學會：「在面對上坡騎不上去的困難時，就下車牽上去，終能達到心中的目標。」

ＥＭＢＡ的學習不僅是知識的吸收，還有一次參加阿里山的馬拉松路跑，「這是一個挑戰身體極限和心理耐力的活動，感受大自然的壯麗和人生的無限可能」。這些經歷教會了他，在面對生活中的困難時，不妨稍事休息，調整心態，重新出發，就能夠順利達到目標。

## 成功源於實踐 回饋社會的理想

羅勝豐謙虛的說，自己還不能算是成功的企業家，不過，以自身的體會，他會勉勵想創業者，生活中不應停滯不前，要踏出舒適區，勇於挑戰自我。值得一提的是，羅勝豐已有超過六百多單位的血小板分離術捐獻經驗，他仍在不斷延續這份捐血奉獻之路，為需要的人們提供生命的支援。這份持之以恆的付出，他認為，不僅是對社會責任的承擔，更是對生命價值的深刻體悟。

企業家應當具備社會責任感，回饋社會，支持公益事業。羅勝豐在ＥＭＢＡ生涯中，參與學校多項慈善和公益活動，他與學長姐們一同加入高雄市中山陽光社會關懷協會，他擔任了第六屆理事長一職。這個協會是ＥＭＢＡ歷屆學長姐們基於回饋社會的理念，自發安排而籌組設立的，協會的宗旨主要結合對於發展遲緩、偏鄉或貧窮的孩童，以及弱勢民眾、老年失智健康照護有興趣的企業人士，募集社會資源，用以關懷社會弱勢，回饋社會的理想，達到改善弱勢孩童、民眾之生活及高齡照護品質的宗旨。藉由關懷社會弱勢與提供有效資源，能改善其生活品質，同時也落實國立中山大學管理學院之大學社會責任（ＵＳＲ）。

這些經歷不僅激勵了他在事業上的成長，也深深影響了他的人生價值觀。通過學習和實踐，他明白成功的背後需要付出的努力和奉獻，同時也學會如何將個人的成就與社會的進步結合起來，為更多人帶來積極的影響力。這種正向的循環不僅使他個人受益，也豐富了他在企業領域中的視野和洞察力。

因此，ＥＭＢＡ不僅是他學習途徑，更教會他如何在競爭激烈的商業環境中保持冷靜和理性思考、如何領導團隊實現共同的目標，以及如何對社會做出積極的回饋。這些管理心得不僅在職場上發揮了重要作用，也影響了他在日常生活中的種種抉擇和行為。

因此，對他而言，EMBA不僅是一個學位的獲得，更是一段寶貴的人生經驗和成長的旅程。「它讓我成為一個更加全面和成熟的企業家，並且深深植根於我對社會責任和公益事業的信念。未來，我將繼續努力，將所學所得回饋社會，為建設更加美好的未來奮鬥不懈。」

## 創業的挑戰與機遇 持續實踐與自我提升

對於所有渴望成功的創業者，羅勝豐真摯提醒：「勇敢奔跑，不要猶豫，立即行動。」成功來自於不懈的實踐，而非空想。羅勝豐計劃長期投身慈善事業，目前以關注發展遲緩身心障礙孩童的健康關懷為主，視機會再擴大回饋社會，他認為回饋，也是企業社會責任的體現。

羅勝豐鼓勵懷揣夢想的年輕人勇敢嘗試創業，因為這不僅是實現自我價值的途徑，更是鍛鍊意志和能力的極佳機會。對於自家公司內部表現突出的員工，他也會鼓勵他們入股，激發他們的熱情，與公司共同成長。

面對全球化日益加深的時代，人才的流動變得更加頻繁。羅勝豐說，他的公司業務主要集中在國內市場，短期內暫不考慮聘用外籍人士，主因是文化差異和組織文化的不同。

要成為職場上的關鍵人才，首先需要擁有不斷追求卓越的心態。羅勝豐深知，每一滴汗水，每一次努力，都是通向成功的階梯。建議創業者只要堅持信念，勇敢前行，終將成就一段輝煌的人生。

EMBA

## 那些EMBA教會我的事

- 在面對生活中的困難時，不妨稍事休息，調整心態，重新出發，就能夠順利達到目標。
- 時時保持微笑。微笑無聲，卻有著無限的力量，能在無形中拉近人與人之間的距離，傳遞真誠與友善。這對於創業者尤為重要，因為成功的基石之一，便是牢固的人際關係。
- 以服務為核心，秉持著「共同創造價值」的理念，不斷透過與客戶的互動，進而整體帶動產品與服務的提昇。
- 專業能力是成功的基石，做事業，無論何事，都必須親力親為，深度掌握知識與技能，不能一味依賴他人。
- 憑藉「優質水設備、專業技術團隊、全方位服務」的經營理念，為顧客提供最佳的消費體驗，讓產品成為消費者最信賴的選擇。

Dialog

# 與教授對話

中山大學企管系教授　黃明新

## 具體實踐企業家的社會責任

京司實業羅勝豐董事長，給人的印象是永遠保持璀璨的笑容，如同他在書中所強調，「微笑無聲，卻有著無限的力量，能在無形中拉近人與人之間的距離，傳遞真誠與友善。」細讀羅勝豐董事長的創業歷程，著實令人感動。從一開始為了償還父親因生意失敗所留下的龐大負債，靠著堅毅意志和不懈努力，至今成為京司實業股份有限公司董事長及諾得淨水南區分公司負責人。回顧羅勝豐創業成功的經驗，我們可以學習到幾項重要的關鍵因素：

首先，深度掌握專業知識與技能的重要。羅勝豐職涯初期，頻繁的為便利商店和速食連鎖店鋪安裝咖啡機、製冰機等設備，這段技術磨練的經歷，奠定羅勝豐在商用廚房設備領域的堅實基礎。其次，羅勝豐創業過程中與夥伴共同創造客戶價值，不斷透過與客戶的互動，進而提昇整體的產品品質與服務水準，擴大市場布局，並拓展公司在全國的業務。最後，羅勝豐非常重視家庭，在書中他多次提到與他並肩奮戰的妻子，以及懂事乖巧的子女，每當他遇到挫折時，他深愛的家人成為他奮鬥的支柱與動力，家人的支持讓他在每一次困境中，都能勇敢面對、奮力前行，成就他今日的事業。

羅勝豐在EMBA求學期間，擔任高雄市中山陽光社會關懷協會第六屆理事長，參與學校多項慈善和公益活動，身為羅勝豐的論文指導教授及班級導師，很榮幸受邀參與慢飛天使歡慶兒童節活動，活動中看到羅勝豐對慢飛天使所展現出的愛心與關懷，非常令人感動；此外，羅勝豐帶領協會募集社會資源，幫助偏鄉或貧窮的孩童、改善弱勢孩童與民眾之生活，協助老年失智健康照護等，具體實踐企業家的社會責任。

羅勝豐的事業發展，隨著產品線的增加，在既有的基礎上，強化B2C的經營，經營品牌以更貼近消費者的需求；尤其，羅勝豐即將於新北工業區設立飲用水設備工廠，生產飲用水濾芯及淨水設備，擴充公司的營運版圖，並為公司未來的發展打下更堅實的基礎。這過程中，相信EMBA的教育能帶給羅勝豐必須的養分，協助他達成目標，在此預祝羅勝豐鴻圖大展、再創輝煌。

CONCERTO OF SUCCESS

「把握機會、即時行動。」

**允偉興業副董事長**

**蔡昌憲**

**現任：**允偉興業股份有限公司副董事長

**學歷：**國立中山大學 EMBA、日本調理師執照：服部營養專門學校、加拿大麥基爾大學 McGill University

**專長：**產品行銷、產品研發、工廠管理

*Profile*

# Chapter 8

# 外銷榮獲歐美日認證 締造上億冷凍食品王國

從高雄起家的允偉興業，自一九七九年成立以來，專營農產品及水產品的內銷業務，曾兩度入選台灣前三百大進出口商。自一九八八年起，為回應外食人口的增加，公司聘請中外美食專家，成立研發團隊生產冷凍調理食品。一九九三年，公司於台灣高雄及泰國宋卡地區設立生產線，並以「允偉冷凍食品（FORTUNE）」品牌行銷國內外。

二十三歲即接管泰國廠五百位員工的蔡家二代蔡昌憲，將泰國廠經營得有聲有色，年營業額更是突破億元。除了負責泰國廠，目前也擔任允偉興業副董事長的蔡昌憲表示，二〇一七年，該公司已成為台灣鯛生魚片生產的領導者之一。

允偉興業不僅擁有基本的衛生管理GMP及食品安全HACCP認證，還取得了ISO 22000:2009國際標準認證及國際食品安全品質標準（SQF）認證。為了建立永續的供應鏈管理制度，增加永續原物料的採購，更相繼獲得了永續養殖（Aquaculture Stewardship Council, ASC）和永續漁業（Marine Stewardship Council, MSC）的雙重認證。除了供應國內市場外，產品也遠銷全球，主要出口至美國、歐盟、日本及韓國，並在這些市場獲得高度評價。公司年產量達一千噸，而且在韓國市場的占有率超過五成。

## 異鄉奮鬥鍛鍊勇毅性格
## 嚴峻挑戰考驗闖關人生

蔡昌憲回想二十三歲剛到泰國時，一個人走在完全陌生的道路上，傍晚微風

▲ 2018 年參加東京國際食品展，與貿協長官合照。

▲ 2018 年參加東京國際食品展，與貿協黃董事長合照。

▲ 2024 年參加北美海產專業展，與日本客戶合照。

▲允偉興業公司外觀照片。

▲ 2017 年貿協企業高階主管實戰班到新加坡李光耀公共政策學院研習。

▲ 2018 年史瓦帝尼王國大使參訪高雄允偉興業，於加工現場講解。

▲ 2018 年史瓦帝尼王國大使參訪高雄總公司。

徐徐吹著，吹來的風卻帶點微熱感，聽著聽不懂的路人話語，他沉默的思索著，如何不負父母期望，把擁有五百多名員工的泰國冷凍食品工廠管理好。這對大學畢業，未曾有過管理工廠經驗的蔡昌憲而言，是項多麼嚴峻的挑戰和考驗。

為了更快融入工廠並領導員工，他選擇住在泰國廠區內，每日夜晚整理當天工作心得，並規劃著隔日的工作重點。憑著驚人的堅韌毅力，歷經二十多年的風霜，蔡昌憲沒讓父母失望，把偌大的工廠打理得井然有序，讓產品在美國、歐洲和日本等國發光發亮。

今年四十六歲的蔡昌憲，身上流露著一股歷經歲月磨練後的沉穩氣質，他的性格內斂而不失果決，這份穩健早在年少時便已埋下種子。因為少年時期的他，國中二年級時便獨自一人遠赴加拿大，成為一名小留學生。

在那片遙遠而陌生的土地上，年輕的蔡昌憲並未因環境的變遷而迷失，反而獲得了廣闊的國際視野。由於父母忙於事業無法時常陪伴，他早早明白了，無論前途多麼艱難，唯有依靠自己的智慧與勇氣方能解決問題。這段自立自強的生活經歷，使他養成了親力親為的習慣，也賦予他遇事冷靜思考、不驚不亂的能力。

加拿大的年少歲月並非虛度。蔡昌憲在專注學業的同時，心中也悄然孕育著對未來的藍圖。順利完成大學學業後，他並未急於回國，反而遵循心中對餐飲業的熱愛，轉赴日本深造，進行為期一年的專業學習。在那裡，他深入了解餐飲業的運作，將熱情轉化為專業知識，為未來的事業鋪就了穩固的基石。

在日本深造一年，正值青春最燦爛的年華，當他學成歸來，並沒有選擇留在台灣享受生活的安逸，而是肩負著對父母的敬愛與責任，毅然踏上了泰國的土地，接手管理允偉關係企業的「皇泰冷凍食品工廠泰國廠」。對他來說，這無疑是一個前所未有的挑戰，這不僅僅是初次踏入社會的一次試煉，更是一場心智與毅力的全面考驗。在語言、文化皆異的環境中，蔡昌憲以堅定的意志應對層層困難，展現出非凡領導力與適應力，開始了他在人生旅途中一段重要篇章。

蔡昌憲在家中排行第三，擁有兩位兄長。當時，大哥留在台灣協助父親蔡俊雄管理家族事業，二哥則仍在日本攻讀建築研究所。為了分擔家庭的重任，蔡昌

▲ 2018 年參加東京國際食品展，與父親及日本客戶合照。

▲ 2024 年參加中山 EMBA E25 畢業旅行。

▲ 2024 年中山陽光拜訪腦麻協會飛揚天使庇護家園。

▲ 2024 年與中山 EMBA 小組一同聚餐。

▲ 2022 年參加中山 EMBA 管院盃壘球賽。

▲ 2024 年高球社活動。

▲參加登山社活動到訪嘉義縣梅山鄉的綠色隧道。

▲ 2024 年參加登山社舉辦的特富野古道之旅。

憲毫不猶豫地踏上了泰國這片陌生的土地，投身於家族的水產冷凍事業。母親蘇琬琰說：「泰國的蝦子加工廠，可以說是蔡昌憲創業的起點。」在這片異鄉，他肩負起管理這座龐大工廠的重擔，開始了屬於自己的奮鬥旅程。這段經歷，不僅為他日後的成功奠定了基礎，也讓他的人生更加充實、豐盈。

## 水產品外銷先鋒
## 冷凍食品全球佈局

蘇琬琰表示，自一九七九年成立以來，允偉興業公司專注於農產品及水產品的外銷，並曾兩度榮登台灣前三百大進出口商之列。隨著外食文化的興起，「我們自一九八八年開始，長期聘請中外美食專家，並由研發團隊精心研製冷凍調理食品，致力於滿足消費者多樣化的需求。」

一九九三年，該公司在台灣高雄和泰國宋卡地區分別設立了生產線，並以允偉（FORTUNE）品牌行銷國內外。國內市場方面，台灣總公司負責冷凍調理食品及冷凍水產品的加工與生產，銷售渠道涵蓋商業用餐（如便當、外燴與團膳），以及零售市場（如量販店和超市）。旗下品牌「便利小館」的產品廣受消費者喜愛，主要品項包括便利小館系列麵食、土魠魚塊、香酥蝦捲及各式小菜，如海帶絲洋菜、調味魷魚片以及壽司用配料（SUSHI TOPPING）等。

在外銷方面，重點產品為水產品，生產由台灣總公司和泰國工廠共同負責。台灣總公司的外銷品項包括冷凍生魚片、即食冷凍調味小菜（如海帶絲洋菜、中華山菜花枝、飛魚卵 TOBIKKO 等），以及便利小館系列麵食，主要出口至日本、韓國、美國、加拿大、委內瑞拉、香港及歐盟等市場。

而泰國工廠則專注於草蝦、白蝦及其加工產品，憑藉其鄰近當地主要蝦類產區的地理優勢，確保原料供應充足且鮮度卓越，並成功將產品銷往美國、日本、台灣及其他地區；近年來，泰國工廠開始生產生魚片級產品，年營業額更是突破億元。

▲ 2023 年泳渡日月潭活動合影。

▲ 2024 年 6 月中山 EMBA 畢業典禮。

▲ 2023 年與學長姐前往浸水營爬山。

▲ 2024 年參加昭門、基門撥穗活動，與王昭文教授、吳基逞教授及吳偉寧教授合影。

▲ 2024 年中山 EMBA 日本畢業旅行留影。

▲ 2024 年登山社活動於一三一四觀景台拍照留念。

▲ 2024 年家庭照。

▲與父母親到歐洲遊玩時，於法國巴黎鐵塔前合影。

## 品質與創新

## 從歐盟認證到生態養殖

允偉興業精益求精，於二〇〇八年九月，配合標檢局迎接歐盟的參訪，並成功通過歐盟嚴格的衛生標準，對於原料的挑選與衛生條件的管理，能夠一絲不苟，在製程中竭力避免任何潛在的污染風險。這不僅確保了產品色澤的鮮亮美觀，更讓消費者能夠安心享用，二〇〇九年，公司還新增了一套鮪魚加工設備，專注於無二氧化碳添加的鮪魚生魚片生產，展現出對健康與品質的追求。

二〇一〇年，更引進了螺旋式ＩＱＦ急速凍結機，將產能提升約三倍，為公司邁向高效生產奠定了堅實基礎。二〇一三年，「允偉生技」於屏東農業生物科技園區正式成立，攜手日本技術夥伴，共同推動生態養殖的創新研發，「允偉生技」運用「允偉興業」的魚下腳料，成功開發出市面上獨一無二的「富士益」益生菌，這款複合菌種能耐高溫，且被廣泛應用於生物助劑領域，為生態永續發展貢獻了重要力量。

二〇一六年，在規模盛大的「東京國際食品展」上，高雄市政府於台灣館設立了高雄物產館，並由海洋局特別邀請「允偉興業股份有限公司」參展。公司在展會中推出了冷凍鯛魚片及冷凍鱸魚片的展示與試吃活動，藉此以優質的「高雄海味」品牌積極開拓日本水產品市場。

## 異鄉奮鬥與堅毅不懈成就非凡人生

了解家族在經營上的用心，蔡昌憲自我期許在泰國也要調整到旗鼓相當，他除面對語言隔閡挑戰和異國文化差異，更辛苦的是要面對當地政府複雜的政策法規，這如同無形高牆橫亙在他面前。但他深知，唯有從根本做起，方能在這片陌生的土地上立足，於是，他選擇腳踏實地，親自涉足工廠的每一個環節，從進貨到出口，從海關交涉到與政府部門打交道，無一不親力親為。他明白，只有掌握了工廠的每一個細微運作，才能在面臨困難時遊刃有餘地應對。

除了日常繁雜的管理，蔡昌憲還需要通曉當地政府的稅務規定，並頻繁接待來自世界各地的客戶，包括美國、歐洲、台灣、日本，每家客戶對品質的要求皆不相同。尤其是外銷至歐、美、日等國的產品，每個市場的檢驗標準也各有不同，這些不同的要求成為他每天必須面對的新挑戰，他絲毫不敢懈怠，不斷累積知識，牢牢掌握攸關產品品質的每個細節。

儘管責任如山壓頂，他依然堅持「年輕就是本錢」的信念，憑藉不斷學習與成長，才能在異國他鄉站穩腳跟。他的付出終有回報，工廠在他的管理下逐步穩定，運作井然有序。這段期間的經歷，不僅讓他成功克服了各種難題，還使他積累了寶貴的經驗，為他未來的事業發展奠定了堅實的基礎。

回憶起當年在泰國打拼的時光，蔡昌憲臉上泛起一絲微笑。他坦言，雖然父母曾通過電話給予他精神上的支援，但面對實際困難時，最終還是只能依靠自己。他回憶，那時的壓力難以言喻，無數次夜晚，他都在工廠裡靜靜整理資料，細心核對每一個細節，確保每個決策都經過深思熟慮，力求將錯誤降至最低。正是這份無畏與堅持，使他在異國的挑戰中脫穎而出，迎來屬於自己的勝利。

## 面對重大原料危機
## 蔡昌憲以智慧應對

在泰國經營工廠的過程中，蔡昌憲遭遇了第一次重大危機，養殖的草蝦因疾病而無法正常生長。這突如其來的困境，讓他面臨前所未有的挑戰。早就預約的訂單，是來自全球各地的頂尖品牌，客戶對品質的要求極高，使得他不得不面對現實，立即誠實通知客戶這一突發情況，並全力協調和調整訂單。他深知，必須將損失降到最低，於是迅速展開行動，擴充客源，尋找其他合作機會，終於度過難關。

關於泰國創業成功的祕訣，以及面對挫折時堅持的理由，蔡昌憲謙遜地回答：「逃避從未在我的選項之中。遇到挫折，我從不多想，唯有堅持才是正確的選擇。我對事業有著深厚的敬業精神，這或許是我人格中最根本的部分。」

談到事業中的貴人，蔡昌憲毫不猶豫地提到，父母是他最為重要的貴人。每當他陷入困境時，父母總會給予他寶貴的建議和無條件的支援，讓他可以盡情發揮，此外，一些長期支持他的客戶，尤其是那些來自日本的夥伴，也對他的成功起到了至關重要的作用。這些客戶對於合作情誼宛如誠摯老友，使他在每次交流中都感受到一份溫暖與信任。

## 長遠布局的人才培養
## 展現智慧的未來藍圖

在事業經營的領域，蔡昌憲深信創業應當具備遠見卓識，他投入大量心血，致力於滿足客戶需求，並以誠信履行每一項合約。對於員工，他如同對待家人般關懷，提供穩定、安全的工作環境和豐厚的獎勵。然而，對於那些表現不佳的員工，他也會根據規定給予改善的機會，若依然未能改進，則依法律規範進行解僱。

關於產業經營現狀，蔡昌憲指出，父親蔡俊雄創立的「允偉興業股份有限公司」，年營業額高達八至九億，而他在泰國的「皇泰冷凍食品工廠泰國廠」也有大約一億的營業額，家族企業冷凍產品的品質獲得了美國、日本、歐洲等多國認證，這彰顯了企業根深蒂固的優勢。他不諱言，包括原料品質取得，有時仍會有意外，加上人才短缺和新產品開發等難題，都是目前亟待克服的挑戰。

為了推動創新產品和實現永續經營，蔡昌憲極為重視人才的培訓，並設立了分紅獎勵機制，以鼓勵員工的創新精神，達成業績目標。未來的發展計劃包括汰舊換新機器、跨產業生產計劃以及常溫產品的開發，此外，母親蘇琬琰在屏東開設了「蘇蔡農場」，專注於無毒農業和養生產品，她也期盼蔡昌憲能夠繼承並發展這份事業。

在蔡昌憲的眼中，保持卓越的產品品質、建立良好的口碑，贏得消費者的信任，乃是品牌形象經營的核心策略。當企業建立了優質的產品形象，實質的成長效益也將隨之而來。

## 企業未來社會責任
## 創新與關懷之路

展望未來，公司的發展計畫猶如一幅漸次展開的畫卷，短期內的機器更新與跨產業生產計劃，將為企業注入充沛的新鮮活力，而常溫產品的開發，則如晨曦中的新芽，蓄勢待發，展現出無限的潛力。

蔡昌憲的母親蘇琬琰，這位曾與丈夫蔡俊雄攜手創業的卓越女強人，三年前摯愛的離世，使她更加關注健康養生的潮流。在屏東的無毒農場上，她悉心耕耘著「蘇蔡農場」，用益生菌養育烏骨雞、拒絕抗生素、栽培無毒蔬果，並推出調理便利的養生餐，以滿足現代人對健康的追求。蘇琬琰將這份心血與願景寄望於兒子們，希望他們能繼承並發展這份事業，使其如同她精心照料的農場一般，不斷成長茁壯。

儘管「允偉興業公司」和「皇泰冷凍食品工廠」均為家族獨資企業，蘇琬琰坦言，短期內並無上市計劃，至於接班問題，她表示，三位兒子輪流管理工廠，而兒子們的下一代尚年幼，對孫輩接班問題仍未有具體考量。

在企業回饋社會的責任中，蘇琬琰心中滿溢著溫情。允偉實業設於高雄大寮，多年來他們默默支援當地弱勢家庭及單親媽媽，與家扶中心共同認養孩童，並與廟宇及政府單位攜手行善，這份回饋社會的心意始終未曾間斷。蔡昌憲深信，這份對社會的愛與關懷將持續延續，成為企業文化的一部分。

在人才的任用上，蔡昌憲極為重視責任感與創新精神，他深知，在變幻莫測的時代中，人才的培育至關重要。公司長期固定進行員工培訓，並引進外部專業師資或派遣重要幹部外出進修，以確保觀念與時俱進，隨時準備迎接新挑戰。即使面對人才流失和競爭對手的挑戰，蔡昌憲依然堅信，只有真材實料的產品才能贏得市場的青睞。

在全球化的浪潮中，人才流動性大幅提升，允偉興業積極聘任來自泰國、印尼、越南、柬埔寨等地的外籍員工。儘管文化背景各異，公司依然透過分開宿舍及人力仲介公司的協助，妥善管理，化解文化差異帶來的挑戰。

## 平衡家庭與事業成功
## 愛好音樂的學習智慧

蔡昌憲在泰國與台灣之間來回奔波，雖然忙碌於工作，他依然細心呵護家庭生活。在泰國時，他每日與妻子和孩子進行視訊通話，彷彿把他們的笑容都帶在身邊；而每當回到台灣，他便精心安排家庭旅行，無論是探索國內的風光名勝還是漫遊異國的迷人風情，都成為他與家人共享天倫的美好時光。工作與家庭，他總能遊刃有餘地平衡兩者，讓生活如詩如畫。

談到興趣愛好，蔡昌憲與妻子的深厚情感令人動容。身為音樂老師的妻子，讓他對古典音樂產生了深深的熱愛。音樂不僅成為他放鬆心靈的良伴，更是激發工作靈感的泉源。除了音樂，他還熱衷游泳、馬拉松和騎腳踏車，這些運動不僅鍛鍊了他的身體，更使他的思維如同音符般靈動，帶來源源不斷的正能量，助推他在事業中穩步前行。

難能可貴，蔡家三兄弟都和媽媽住在同一社區，孝順的他們，週一至週五，也會和家人一同陪母親共進晚餐，讓媽媽享受天倫之樂。

## 學習ＥＭＢＡ智慧
## 拓展視野與回饋社會

選擇就讀中山大學ＥＭＢＡ課程，源起蔡昌憲的內心充斥一股交友及求知若渴的熱忱。長期在國外經營事業的他，發現自己的生活圈逐漸變得封閉。為了突破這種限制，他選擇了ＥＭＢＡ課程，希望藉此擴充人脈，拓寬視野。在這段學習旅程中，蔡昌憲接觸到來自各行各業的精英，從他們的智慧中，他汲取了許多管理與行銷的珍貴經驗。尤其在人際交流中，他見識了不同領域的學長姐如何經營管理，這不僅豐富他的思維方式，也教會他如何以更為靈活的方式與員工互動，以更圓融的態度應對各種挑戰。

在蔡昌憲的事業旅程中，他始終堅守著一個信念：創業不僅僅是為了個人的成功，更是為了回饋社會。他的企業無論在泰國還是台灣，都積極參與社會公益活動，秉持著這一理念，允偉興業公司多年來在大寮地區幫助了許多弱勢家庭和單親媽媽，與家扶中心合作，認養了十多位孩子，並與當地廟宇和政府單位攜手行善。蔡昌憲深知，企業的成功不僅體現在財務數字，更在於對社會的貢獻。他堅信，這種回饋社會的責任感，是企業可持續發展的堅實基石。

## 精英人才與創新驅動企業成功

對於人才的重視，無疑是蔡昌憲成功的核心所在，他深知，企業的長遠發展依賴於擁有責任感和創新精神的優秀員工。為了培養這樣的精英，公司定期舉辦高品質的培訓課程，並不吝邀請外部專家為員工提供指導。此外，重要的幹部也會被派遣參加外部培訓，以確保他們能夠緊跟時代的步伐，掌握最前線的知識與技能。

在全球化的背景下，允偉公司積極聘請來自泰國、印尼、越南、柬埔寨等地的外籍員工，雖然這些員工來自各異的文化背景，但公司通過精細的管理策略，成功化解了文化差異所帶來的挑戰。

蔡昌憲的生命旅程，猶如一段不斷追求卓越的冒險。在這段旅程中，他憑藉堅定的意志、持續的學習以及不懈的創新，創造了屬於自己的成功篇章。他深知，企業的成長與壯大都離不開優秀的人才、可靠的產品品質與強大的品牌形象。正是這些堅定的信念，使他在商業的汪洋中勇往直前，探索更遠的未來。

EMBA

## 那些EMBA教會我的事

- 重要的幹部會被派遣參加外部培訓，以確保他們能夠緊跟時代的步伐，掌握最前線的知識與技能。
- 企業的成功不僅體現在財務數字，更在於對社會的貢獻，這種回饋社會的責任感，是企業可持續發展的堅實基石。
- 重視人才的培訓，設立分紅獎勵機制，以鼓勵員工的創新精神，達成業績目標。
- 誠實通知客戶突發情況，全力協調和調整訂單，必須將損失降到最低，迅速擴充客源，尋找其他合作機會。
- 對於表現不佳的員工，根據規定給予改善的機會，若依然未能改進，則依法律規範進行解僱。

Dialog

# 與教授對話

中山大學財管系教授　王昭文

## 現代管理者的學習典範

蔡昌憲學長給人低調、成熟穩重的印象，展現出現代企業家精神。年少時便展現出高度自律與上進心，從國中就遠赴加拿大留學，學會了冷靜應對與獨立解決問題的能力，並開拓了廣闊的國際視野。大學畢業後，他追隨內心對餐飲業的熱愛，前往日本一年進行專業學習，積累更多專業知識與技能，這些經歷為他接手允偉興業在泰國的「皇泰冷凍食品工廠」打下了堅實的基礎。

允偉興業自一九七九年創立以來，專注農產品和水產品的外銷，曾兩度入選台灣前三百大進出口商。一九八八年，公司成立冷凍食品研發團隊，一九九三年於台灣高雄及泰國 RANOT 設立生產線，推出「皇泰」（FORTUNE）品牌進軍國際。二十三歲的蔡昌憲學長接管泰國廠，住在工廠，親力親為地管理進貨、出口、海關交涉及法規應對等業務環節，克服語言、文化和政策障礙，最終將泰國廠營運推至億元規模。

蔡昌憲學長在事業經營理念方面，展現出卓越的危機處理能力與誠信態度。在草蝦養殖遭遇疾病危機時，他強調「逃避從未在我的選項之中」，迅速通知客戶並調整訂單，以保護客戶利益並穩定業務；他也重視產品品質與市場需求，推動分紅機制激勵創新，積極培訓員工，提升公司凝聚力。允偉興業積極聘用泰國、印尼、越南、柬埔寨等地的外籍員工，通過周密管理化解文化差異，建立多元穩定的團隊。蔡昌憲學長堅信，優質產品和人才培育是企業長期發展的基礎。

蔡昌憲學長高度重視企業社會責任，允偉興業長期支持當地弱勢家庭及單親媽媽，並與家扶中心合作認養孩童，以展現對社會的責任感。他堅信企業成功應以社會貢獻為標準，並將此信念作為允偉興業的永續發展基礎。此外，蔡昌憲進修ＥＭＢＡ，透過課程拓展人際網絡與管理智慧，從同儕和教授身上學習管理經驗，提升應對市場挑戰的能力，並將新知識應用於公司運作，為企業注入活力。

蔡昌憲學長的故事是一段融合逆境成長、誠信經營、人才管理與社會責任的典雅篇章。他在異鄉奮鬥，逐步推動允偉興業在全球市場的成長，展現出現代企業家的精神風範，為管理者提供了豐富且啟發人心的學習典範。

翡麗婚紗攝影 董事長
錢禎

「用微笑改變你的世界，
別讓世界改變你的微笑。」

翡麗婚紗攝影董事長
**錢 禎**

現任：翡麗婚紗攝影有限公司董事長、拾光印記攝影有限公司董事長、莫姑娘婚紗攝影有限公司董事長、風境攝影有限公司董事長

學歷：國立中山大學 EMBA

經歷：攝影總監、樹科大攝影課程客座講師

專長：攝影、繪畫、攝影事業經營

*Profile*

# Chapter 9

# 台灣最佳信譽第一品牌
# 打造上億攝影集團版圖

現代人喜歡拍照打卡，ＦＢ等社群媒體常見好友曬出遊照片，試想，如果安排一趟旅遊行程，搭配攝影師帶領，還可以選配化妝、造型、禮服和司機接送，讓你在秘境景點變身，拍下氛圍感十足的時尚大片，這些充滿儀式感的用心，豈不是讓親密愛人足以銘記一生的禮物？

二〇二四年推出的「旅拍」服務，是翡麗攝影集團又一次集大成的華麗蛻變，突破了過往時間和空間的限制，不只走出攝影棚，更讓有情人不用等情人節或婚禮、全家福也不用等結婚周年，只要有心，就能結合旅遊行程與心中重要的人共創美好的回憶。

翡麗攝影集團從「高雄翡麗婚禮」提供的婚紗攝影服務起家，自二〇〇七年開幕至今，通過無數次市場嚴苛的淘汰賽，十七年來穩穩立足於高雄市林森一路、中正三路口的三角窗。佔地約一百五十坪，樓地板面積超過三百坪的基地，不只有專業的團隊提供多元的婚紗攝影服務，更有獨家的精品婚紗禮服，以及環景設計的天空之城攝影片場，足以滿足新人們實現夢想中幸福的渴望。

翡麗婚紗攝影董事長錢禎自國中畢業後即投入婚紗攝影，十五歲的少年從攝影助理做起，一步步地往上歷練，曾任攝影師、美容和禮服部門主管、攝影總監、門市店長等職務，並於二〇〇七年入股、創業成立「翡麗婚禮」，迄今服務超過一萬七千對新人。他是業界少數從攝影專業跨足婚紗攝影經營的代表，在專業攝影服務的道路拓展上，更是一直走在業界最前端，陸續延伸發展專門拍攝親子和孕婦寫真的「拾光印記」、以形象照和證件照為主的「白閣影像」，及專營媽媽禮服的「莫姑娘名媛禮服館」和適合東方女孩身型的高級訂製禮服品牌

▲拾光印記鎖定孕兒親子攝影服務。

▲中式婚紗照氣勢磅礡，受到許多客戶指名。

▲翡麗曾在頂樓打造令人驚豔的獨家攝影片場。

▲電影感婚紗氛圍感滿分。

▲莫姑娘為媽媽打造專屬禮服。

▲高級訂製禮服品牌 Angela。

▲曾與 EMBA 學長經營的多那之合作，在母親節一起祝全天下媽媽暴美暴富。

▲每一張完美的照片背後，都離不開一群專業攝影團隊。

「Angela」，建立自己的影像王國。

## 十五歲入行　見證市場更迭

一九八〇、一九九〇年代是「台灣錢淹腳目」的時代，隨著經濟的發展讓國民所得三級跳，然而，因父親早逝，錢禛的母親為兼顧家庭，只能靠送報紙養活家中的三個大男孩，一家人過著吃稀飯配醬油的清苦生活。

國中畢業後，錢禛即進入婚紗攝影公司擔任攝影助理，還不到十八歲就升上了副攝影師，隨著中國大陸經濟急速發展，新人對於婚紗攝影的需求，甚至包括預算也不斷提升，許多業者轉向中國大陸、香港、新加坡等華人社會拓展出路，他也在二十歲時，跟隨當時的風潮與團隊赴中國大陸發展，存下人生第一桶金。

心中存著創業的念想，他再回到台灣，跟台南第一家五星級飯店大億麗緻合作，在飯店一樓開設婚紗攝影公司「愛情密碼」，這是他的第一次創業，但因為當時的他只會拍照，不懂經營，不到半年就宣告結束；回到高雄後，他以重新創業為目的，再從攝影師做起，六年間歷經美容和禮服部門主管、場景佈置、攝影總監、門市店長等職務的洗禮，也在業界建立起相當的知名度，獲得中國業者挖角。

中國大陸在二〇〇六年有超過八百萬對新人結婚，同期台灣的結婚新人數則僅約十四萬對，廣大的中國市場吸引許多婚紗攝影業者西進，而在台商將婚紗攝影產業引進中國大陸市場後，大陸當地的攝影工作室崛起，吸納了許多台灣業界的人才，為了挽留錢禛，二〇〇七年老闆邀請他入股即將成立的「翡麗婚禮」，他更用心於公司經營方面的學習，並學習財務、採購和業務工作。

就在婚紗攝影產業競爭日益激烈的時刻，二〇一三年因兩岸服貿協議決議將開放大陸資金在台灣進行婚慶、婚紗事業投資，面對著對岸財團式的投資規模，業界一片哀鴻遍野，翡麗的原經營者決定撤資，錢禛因此接手公司，開始獨立經營。

▲曾與 EMBA 學長經營的河堤漫旅合作行銷寵物友善房與寵物攝影服務。

▲藝人高群至翡麗拍攝全家福，與之合影。

▲入學時臨時組的聚會。

▲與飛兒樂團吉他手阿沁合作相關攝影項目。

▲畢業典禮由管理學院葉淑娟院長頒發學位證書。

▲翡麗同仁同樂會合影。

▲ E25 學長姐參觀高雄翡麗。

▲高雄翡麗婚禮 2007 年創立迄今服務超過一萬七千對新人。

## 天空之城攝影片場、水晶禮服成功推動口碑行銷

錢禎在業界遇到的第一個風暴，是發生在二〇〇八年的全球金融海嘯，當時的高雄翡麗只是剛開幕一年的新公司，沒口碑也沒知名度，但所幸業界出現婚紗展的平台，能與大型業者站在齊平的舞台面對消費者，於是他一邊勤跑展場增加公司曝光率，一邊以其對時尚的敏銳度，與設計師首創設計水晶禮服，他更在建物三樓親手設計挑高樓中樓立體攝影場景，並打造三百六十度環景設計的「天空之城攝影片場」，如此多管齊下吸引愈來愈多新人選擇翡麗，終於在業界站穩腳步。

高雄翡麗婚禮的環景片場，內有華麗的歐式巴洛克建築、地中海教堂、英式大書房等多達二、三十種充滿異國風情的場景，各種風格和色調，能搭配不同的禮服顏色和款式，甚至吸引當時由羅志祥、楊丞琳、李威等一線明星主演的偶像劇「海派甜心」到此取景。

翡麗是全台灣第一個打造如此規模攝影片場的婚攝公司，至今仍無同業能夠超越，這不僅因為所在地建築物得天獨厚廣闊、挑高的空間和明亮的採光條件，更因為攝影師出身的錢禎對拍攝需求的掌握，他親自找圖片、找工班，甚至親自製作斑駁的牆面、親手繪製掛在牆壁上的油畫，更利用場景設計協助增加拍照的景深、採光等效果，讓照片拍起來更有立體感。

除了獨家的「天空之城攝影片場」，翡麗也以能讓新娘子在燈光下更加閃閃動人的「水晶禮服」打響名號。錢禎進一步分享，將華麗閃亮的水晶與禮服相結合，能利用水晶的折射讓禮服呈現更高級精緻，翡麗當時結合社群媒體行銷，在業界一炮而紅，進而吸引同業仿效。

## 串連客群
## 佈局親子照和形象照市場

新人拍婚紗照，有些是找攝影師，也有些是為禮服而來，而在網際網路的發

▲參加 2023 全國 EMBA 慢速壘球賽。

▲口試論文通過與師長、學長姐一起歡慶畢業，在 EMBA 中心合影。

▲中山陽光協會關懷社區弱勢家庭。

▲中山 EMBA 赴美海外研習，於大峽谷國家公園合影。

▲傑出經理人金峰獎。

▲ E25 基門學長姐與論文指導教授吳基逞合影。

▲與姪女一同慶祝母親生日。

▲ EMBA 赴美參訪，攝於喬治亞州亞特蘭大市政廳。

展、自媒體的潮流，以及攝影器材容易取得等時空背景下，市場上出現個人攝影工作室，並且隨之出現個人禮服館。不同於一般人眼中看到的競爭，在錢禎眼中，卻是趨勢下的「商機」，也因此設立高級訂製禮服品牌 Angela。

單親的成長過程讓錢禎對於母親的辛苦格外有感，看準新人的婚禮也是媽媽的大日子，主打平價出租媽媽禮服的「莫姑娘名媛禮服館」應運而生。「早期提供媽媽禮服的廠商很少，一套訂製禮服要三、四萬元，出租含修改費用也要一、二萬元，『莫姑娘』則爭取做到訂製禮服只要一至二萬元，半訂製化的出租禮服也只要五、六千元。」錢禎回想建立禮服品牌的因緣。

在禮服之外，錢禎以「記錄生命中的每一刻」為經營理念，再延伸翡麗婚禮的客群。「由於原本就會提供翡麗的新人免費拍攝周年照，為客人記錄懷孕、為人父母的歷程，後來想到客群可以互相串連，又能提供客人更為滿意的服務，兒童攝影品牌『拾光印記』因此誕生。」；「從翡麗提供的婚紗攝影服務為起始，孕婦、生小孩就到拾光印記，為孩子的成長階段留影，或拍個人形象照、企業形象照、閨蜜寫真、證件照等，就到白閣影像，結婚再來翡麗，記錄生命中重要時刻的服務通通都有，這樣剛好可以串成一個圈子。」他分享集團影像服務的整個佈局。

錢禎發展周邊延伸的子公司或品牌，初期都會先養在公司，到一定的程度再獨立，像是具潛力的寵物寫真業務，目前即在集團旗下的白閣影像之下運作。「獨立運作的營業額會更高，而每個品牌有專攻的領域，在行銷上的定位會更明確。」錢禎分享背後的思維。而除了甫成立的白閣影像外，每個品牌的年營業額幾乎都在千萬元之譜，也可以看出這樣的作法的確收穫不凡的成果。

外人霧裡看花，或許會酸葡萄地說翡麗發展至現今的成績，是靠砸廣告預算，但錢禎剖析其中關鍵：「其實客戶的服務體驗才是口碑關鍵！只有服務好才能靠底下分店互推客人、互推品牌。」他進一步說明：「像是去拾光印記消費的客人，也會知道有翡麗，甚至有些需要孕婦的禮服，是必須來翡麗挑的，這樣就會對翡麗有印象，可能會和他們未婚的朋友分享；至於網路的廣告，翡麗的關鍵字只打『婚紗攝影』四個字，照片只放婚紗禮服、婚紗照的作品，不會放小朋友、全家福的作品，能讓消費者留下更鮮明的印象。」

近來，ＡＩ的發展讓人們透過指令就能生成各式照片，為影像相關行業投下震撼彈，錢禎認為ＡＩ最主要的功能在於讓影像更優化，但如果是用來生成照片，就有如早期在攝影棚運用綠幕，即使成品像是出國到夏威夷度蜜月，但腦海中沒有相關的回憶，這張照片對人們也可以說是可有可無，難以創造價值。

他回想自己走上攝影專業的初衷，是因為其「記錄生命中的每一刻」的本質，而記錄的本質是為了留下記憶，他也由此而衍生更多攝影服務的提供，「要回歸本質來看這件事，我的經營理念就是『留住當下的永恆時刻』，人們翻看照片，經常是在翻回憶，ＡＩ創造不了回憶，雖然可以做為短期吸睛、炫耀的工具，但是時效很短，也不是必須品。」他將ＡＩ在影像的運用上，定位為輔助的角色，而將重點放在真實的經驗與回憶創造。

## 積極轉型異業結盟 發展旅拍新市場

現代人喜歡攝影，甚至許多旅程的規劃就是以拍照為目的，而照片也經常是旅行最寶貴的紀念品。錢禎自二〇二三年起著手建置，並於二〇二四年推出深度旅拍平台，從度假婚紗延伸蜜月旅拍、自助旅拍、景點旅拍服務，該平台提供專業的旅遊導覽和攝影服務，更可以與飯店、餐廳等旅遊周邊廠商異業結合，或跟觀光局、國旅卡配合，提供更加豐富多元的套裝服務。

「消費者先透過作品風格選定攝影師，會由攝影師本人提供攝影服務，像是來到高雄，如果行程納入承億酒店，攝影師會知道有哪些場景可以拍攝。」、「從高雄起步，之後會發展全台旅拍服務，與各地的攝影師合作。」他舉例說明，消費者透過平台安排深度旅拍的作業模式，以及平台未來發展的規劃，而透過旅拍平台提供的周邊景點和交通方式，能省去自己摸索的時間與風險，並且由專業攝影師為旅程捕捉生動的瞬間，保存最珍貴的旅行回憶。

「不只少子化，現代人還晚婚、不婚，市場有限加上產業競爭，勢必要跨界搶人、創造需求。」錢禎分析市場現況。建置中的平台將連結攝影師、造型師、旅遊周邊廠商和消費者，並且串接金流，消費者可以線上依過往作品風格和評價選擇攝影師，規劃旅程，再線上付款，上線後可以預見，將對攝影業界現有生態造成相當大的顛覆。

婚禮周邊的商機廣，但隨著社會結構變遷，結婚人口減少，相關業者互相串連，衍生了許多異業結盟，在高雄翡麗婚禮的一樓門市，可以看到包括婚戒、西服、婚禮佈置等合作廠商，彷彿是整個婚禮產業鏈的縮影；就讀中山EMBA之後，他也與同學發展異業結盟，像是母親節前與王建仁學長的多那之咖啡聯名活動，即以提供拍攝體驗鼓勵網友按讚分享，而新的旅拍平台更將擴大異業結盟的做法，將婚禮產業周邊的廠商合作擴大至旅遊產業，甚至可以吸引海外的客群，試圖在少子化風潮下逆轉勝。

婚紗業常見諸如價格不透明、跟講好的不一樣、收到錢就不理人等商譽的攻擊，為了避免相關的問題發生，翡麗近兩年接連報名參加中華優質企業經貿發展協會頒發的「二〇二三年顧客服務滿意類—台灣最佳信譽第一品牌」和「二〇二四年台灣優良誠信企業獎」甄選，並榮獲兩大獎項肯定。「有些問題是內部問不出來的，透過甄選讓外部第三方來協助盤查內部實際操演的狀況，才能真正找出問題。」為了改善內部的服務流程，錢禛選擇積極面對，除了在與客戶的合約內容更加詳細載明服務細項外，也據以調整服務流程，並新增客戶服務滿意表，以期完整接收客戶的反饋。

## 新世代複合式婚紗門市
## 突破框架走入民眾生活

高雄翡麗婚紗在想法創新、反應靈活的錢禛帶領下，十七年來持續成長，而二

○二四年一場祝融之災，帶來高達兩億元的損失，卻也成為這一場似乎沒有終點的資源搶奪戰下的契機，推動錢禛腦海逐步浮現新世代複合式婚紗的創新商業模式。

雖然無可避免的必須面對火災後續的鑑定、理賠和復原工作，同時卻以集團內白閣影像為基地，迅速整合資源，為拍攝婚紗照及舉辦婚禮的新人們確保權益，白手起家在攝影界曾推出無數創新商模的錢禛，仍以積極的心態計畫在原址重建結合咖啡西點、美容美髮服務等民生消費的新型態複合式婚紗門市，進度表上還有既定的旅拍及海外婚紗攝影業務的推動，以及更多的跨界資源整合，將一步步創造當代攝影服務的新樣貌。

三十餘年來投入無數心血與時間在攝影服務的延伸，錢禛在過程中也廣結善緣，火災發生後許多友人積極表態願意支持高雄翡麗度過難關，也讓他腦海中新型態的商業模式逐漸成型，原址在既有建物拆除後，將結合多那之、尤拿髮藝等重建為新型態複合式婚紗門市，並整合資源進行聯盟行銷，讓更多民眾透過日常消費增加對翡麗品牌及攝影服務的熟悉度，不僅能擴大潛在客群，更可望讓攝影服務更深入民眾的生活。

## 成人之美 為人才提供舞台

許多攝影師都會有創業的夢想，或者從獨立接案的個人工作室起步，然而，「禮服」是婚紗攝影產業的一大進入障礙，「禮服一件買斷要三、四萬元，白紗一件十幾萬元，假設創業者斥資百萬元買十件白紗，客人也只要走二、三步就看完了，如果沒看到喜歡的，可能就走出去了。」因此，攝影師創業多會朝證件照、寫真館方向發展，錢禎發展禮服品牌和旅拍市場，其實也是發展攝影師的創業平台。

回想自己一步步發展多元攝影服務的源頭，「我是從基層做起，很多創意點都是回歸到把自己放到工作人員的位置，去觀察現在的環境到底要什麼，思考產業該如何發展。」、「重點就在於給人才平台，像我開發這些品牌，也是讓他們多一個舞台去發揮。」在錢禎看來，產業最大的核心價值在人，有好的攝影師和造型師等人才一定要掌握住，而關鍵在於「如何讓人員的優勢發揮到更大」。

錢禎經常以自身經驗鼓勵同仁「要相信自己」，他憶起自己十五歲入行，總是被老闆諸多否定，像是身高不夠、鄉下來的不像城市的人會打扮、年紀小又不太會說話，甚至還叫他不要做了、不適合這一行、不要再往攝影師方向發展，但他還是一路堅持下來。

「在學的過程很辛苦，畢竟攝影師拍照會有一些情境的引導話術，或者逗客人笑的，我就是拿筆記本記錄拍什麼情境時要講什麼話，然後把照片貼起來，話術寫在旁邊，不斷複誦，慢慢訓練自己會講話。」他分享自己的一步一腳印。

在婚紗攝影之外，錢禎陸續發展兒童照、證件照、形象照、旅拍等市場，就是著眼於消費者對於攝影需求的無限可能，「公司希望的是展店，展店需要的就是管理人員，誰有辦法上來，這福利就是誰的。」他期許同仁們可以主動，「提供的條件比外面好很多，承擔經營的任務不用擔心虧損，年度有獲利還可以分紅。」，「平常我都教觀念，要不要成長就是看他們。」他祭出優於業界的條件，激勵同仁把握機會朝目標邁進。

他提出「以終為始」的想法，「在大池塘有很多魚，有黑的、紅的、藍的、綠的，我們要先鎖定目標，例如想要釣紅的，就要先了解要用什麼飼料、配合什麼樣的釣竿和掛勾；或用農業發展來舉例，我們想要種出好吃的蘋果，就要先選擇品種，了解要配合什麼種類的土壤、怎麼灌溉，簡單來說是先看清楚自己的終極目標，然後往回推，看看該做些什麼事。」他用生活化的例子拆解說明，也可以看出在與員工互動時，他所扮演如導師一般循循善誘的角色。

在中山ＥＭＢＡ與學長姐一同學習，參與了學長姐們的日常，也讓他確認「時間在哪裡，成就就在哪裡。」他以多那之王建仁學長為例，看到了學長全副精神都在公司，每天的行程就是不斷開會，找問題、解決問題，「那不只是專注，也不只是努力，而是『投入』。」

「即使是颱風天，留在工廠的人可能想看報紙，所以還是要送到。」從小看到媽媽風雨無阻的送報精神，憶念親恩，錢禎謹記「工作就是拿人錢財，與人消災」，他在誠信的基礎上賺自己應得的，也不斷去滿足客戶的需求，希望能為客戶創造更大的價值。

EMBA

## 那些EMBA教會我的事

- 產業最大的核心價值在人，包括攝影師和造型師等人才一定要掌握住，而關鍵在於「如何讓人員的優勢發揮到更大」。
- 很多創意點都是回歸到把自己放到工作人員的位置，去觀察現在的環境到底要什麼，思考產業該如何發展。
- 「以終為始」先清楚自己的終極目標，然後往回推，思考該做些什麼事。

- 有些問題是內部問不出來的，透過甄選讓外部第三方來協助盤查內部實際操演的狀況，才能真正找出問題。
- 在與學長姐相處間看到成功者的日常，要的不只是專注，也不只是努力，而是「投入」。

Dialog

## 與教授對話

中山大學公事所教授　吳偉寧

### 在數位浪潮中保持品牌獨特價值

我所認識的錢禎，是一位充滿熱情、追求創新且擁有高度市場敏銳度的企業家。年少時，由於家庭困境，他提早踏入職場，但對影像行業的熱愛從未減退。從攝影助理起步，錢禎在影像紀錄中找到情感的共鳴，並培養對專業技術的執著精神。

面對市場變遷，他靈活應變，迅速適應需求變化，並以「記錄生命中的每一刻」作為品牌核心理念。這種對理念的堅持使翡麗婚紗在數位轉型的浪潮中，保持了品牌的獨特價值，成為企業成功的關鍵。

翡麗婚紗的成功基礎在於創新、靈活應變、多元經營與對核心價值的堅持，也為其他企業提供了值得借鑑的管理模式：

**1.創新與市場導向的靈活應變**

錢禎深知市場變遷不可避免，他敏銳地察覺到少子化與晚婚趨勢導致的傳統婚紗攝影市場萎縮，於是創新推出結合旅行與拍攝的旅拍服務，突破了場景的限制，創造全新的市場機會。這種靈活應變的經營策略，使翡麗婚紗在市場變化中依然能夠保持領先地位，穩健成長。

**2.多元經營策略與資源整合**

翡麗婚紗不僅專注於婚紗攝影，還積極拓展多元經營，計劃整合咖啡、美容等服務，創建複合式婚紗門市，並成立如拾光印記兒童影像、白閣影像（寵物、形象、同性）攝影、莫姑娘媽媽禮服等影像品牌，逐步構建起完整的服務生態圈。這一策略將有效強化了市場地位，擴展了服務範圍，增強了競爭優勢。這與管理學之父杜拉克（Peter Drucker）所強調「企業應該致力於創造並掌握市場機會」的管理理念相呼應。

**3. 品牌核心價值的堅持**

在數位轉型的浪潮中，錢禎始終堅守「記錄生命中的每一刻」作為品牌的核心價值。他堅信，影像的本質在於真實情感的捕捉，而非僅依賴技術手段。這一理念深刻影響了他對影像行業的核心信仰，以及對顧客情感需求的重視，與塞內克（Simon Sinek）在《先問，為什麼？》（Start With Why）一書中所強調「找到你的核心信仰，並堅定不移」的理念相呼應。錢禎對品牌核心價值的堅持，確立了翡麗婚紗在數位時代的獨特定位，讓品牌在激烈競爭中持續創造價值，並為顧客打造意義深遠的影像記憶。

就在錢禎於低迷的婚紗攝影市場中發掘出自己的藍海時，二〇二四年九月的一場大火燒毀了他近二十年的心血。然而，我相信憑藉他堅毅不屈的性格，翡麗婚紗必將浴火重生，在逆境中展現出強大的韌性。

# 兩岸高階經營管理碩士
# (CSEMBA)

兩岸三地之人力資源與市場日益合流已成趨勢，為因應此潮流，國立中山大學管理學院與上海同濟大學經濟管理學院攜手創立兩岸高階經營管理碩士在職專班（CSEMBA），匯集兩岸高階管理人才齊聚一堂共同學習。

兩岸高階經營管理碩士，課程融合中山EMBA與同濟EMBA的豐沛教學資源，亦緊密結合管理知識與實務經驗，增加台商經營環境所需的專業管理能力，以因應企業領導者全方位學習並快速促成台商產業高值化之經營目標。

# 亞太營運管理組
# (APEMBA)



台灣作為亞太高科技產業與經濟發展的區域樞紐，如何有效串連亞太其他國家、持續深化與東協市場的連結，強調具韌性(Resilience)與包容(Inclusion)的經濟體儼然成為主流發展趨勢。為因應此一潮流，中山管院EMBA特開辦高階經營管理碩士班亞太營運管理組（Asia-Pacific EMBA，簡稱APEMBA）。

中山APEMBA首創將台灣的EMBA帶進國際舞台，跨足亞太地區、深化東協市場等管理思維，我們設立宗旨在於提供高階經理人面對大中華地區、亞太國家及東協市場劇烈變動之商業經營環境所帶來挑戰時，能夠結合現代管理理論及實務作為，以提升企業之持續性競爭優勢與包容性成長，並引導高階主管人才提升公司重要核心策略地位。

國家圖書館出版品預行編目資料

成功協奏曲：完美人生樂章的實踐家／曾銘薦等9位CEO作.-- 初版. -- 臺北市：知識流出版股份有限公司，2024.11

面； 公分. --（EMBA：9）

ISBN 978-986-99401-7-7（平裝）

1.CST：創業 2.CST：企業家 3.CST：職場成功法

494.1 113017285

知識流 KNOWLEDGISM

EMBA 009

# 成功協奏曲

## 完美人生樂章的實踐家

作　　者　曾銘薦等9位CEO
訪談撰稿　余澤綿、徐瑜鴻、羅文華
主題策畫　周翠如
文字潤稿　林盟嘉
責任編輯　余澤綿、羅文華、高憶君
文字校對　周振煌、余澤綿、林昶睿
封面設計　王光華
內頁攝影　張忠義
內頁編排　王麗鈴
行銷企劃　林昶睿
企劃經理　周德方
業務經理　林威成

發 行 人　周翠如
出 版 者　知識流出版股份有限公司
地　　址　台北市100中正區懷寧街64號7F
電　　話　（02）2312-1402
傳　　真　（02）2230-0450
劃撥帳號　19924070 知識流出版股份有限公司
法律顧問　揚然法律事務所吳奎新律師
總 經 銷　大和書報圖書股份有限公司　電話：（02）8990-2588
海外總經銷　時報文化出版企業股份有限公司　電話：（02）2306-6842
出版日期　2024 年11月22日初版
定　　價　420元

ISBN：978-986-99401-7-7（平裝）
Printed in Taiwan